用基本針法做出專屬於你的實用百搭包

初學者的
鉤織包
入門BOOK

金倫廷 ××× 著

Build a bag!

不知怎麼的，
就這樣愛上手作包了

從某天開始，我開始了對包包的熱烈愛戀，
在接下來的一年當中，我真的無怨無悔地不斷構思並鉤織包包。

這個笨拙露西，
每天都把自己當成是包包設計師一樣地去構想並付出行動。
覺得即使一開始做出來的東西很基本，也要做得獨特！
魚和熊掌，她都想兼得。
要不要讓包包底部和包體的顏色不一樣呢？
要不要將粗細不同的材料混著編織呢？
是不是可以讓編織品內部的結構外露呢？
裝飾小球難道一定要剪成圓形的嗎？
花式紗線只能編織成抹布嗎？
要不要這樣做看看？要不要那樣做看看呢？

就像這樣沒日沒夜地工作，
過去所鉤織的包包，如今已經跟大部分的它們說再見了，
然後地球又轉了一圈，
現在正坐在這裡，寫下這篇序言。

哇！不知不覺中，已經來到第三本書了。
總編輯問說：「妳覺得寫這次的書過程中最困難的部分是什麼？」
露西回答說：「我不知道欸……」
為什麼呢？根本找不出最困難的部分啊！
因為全都很困難啊……全全全全全都很困難啦～總編大人！

當初因為是第一本書的關係，
我根本是在搞不清楚的狀況下開始的，結果我見識到厲害了！
寫第二本時想說是教學基礎技巧的書籍，應該很好寫吧？
過程中卻讓我再度見識到厲害了！
即使寫書很難，但這回是編織包包應該簡單多了吧？我又見識到厲害了！
為了提升作品的完成度，就算多付出 1% 的辛苦也是理所當然的，
除此之外，寫一本做包包的書，甚至比起到目前為止我所經歷過的事情，
都還要來得更複雜又難纏，這點是在我寫書之前始料未及的。
不過，當我看著各種不同的作品，感受著它們與眾不同的魅力，
我好像不得不愛上這份工作了。

我的總編輯叫我要把書寫得
讓讀者「光看文字描述就能知道怎麼鉤織」。
於是，我就照我的程度坐下來賣力地寫到兩眼出血的地步。
雖然說我塗塗寫寫的經驗也不是第一次，
可是要叫我寫得很簡單，實在很困難啊！
要做出目錄，要構想作品，還要把作品鉤織出來……
這些都做完就花了我一整年。
不只這樣，還要修正，還要完稿，還要拍攝作品，還要校稿……
該走的路還有好長一段啊！
起初微小，到最後依舊很微小的作品雖然佔了絕大多數，
但為了讓這本書誕生於世的時候，我不會感到羞愧，
我還是奮力地把它做結尾了。

出書即使令人感到吃力又辛苦，
但是這過程確實讓我一夕之間成長了許多。
要為了許多從沒想過的事情煩惱，
而且，為了提升作品的完成度，
每一件作品都得為它們集聚時間和精神來製作，
這些工作過程都將會在各位看到這本書的那瞬間延續下去。

我想像著這本書即將帶來的喜悅，而充滿活力地大步向前。
與笨拙露西一起來製作專屬於自己的編織包吧，
希望各位能喜歡喔！

笨拙露西敬上

Contents

露 C 包，
就是這麼有魅力

本書中所介紹到的手工鉤織包，也稱為「露 C 包」，
就讓我來為您簡單地介紹這些可愛孩子們的特色吧！

只要有這些包就已經很足夠

這整本書大致上是以經典圖樣包款、簡約型包款、網狀包款以及童趣包款來構想的。
我把腦中那些不著邊際的想法都排除之後，鉤織出了相當大量的包包。所以到後來，
我一直反覆思索一件事：「如果我只有一本鉤織包教學書，那麼，多少的量是剛好
的呢？」之後就把我想到的一些作品集合起來。憑著這些精選出的作品，各位日常
生活中會用到的手工鉤織包、一般常用的配件，就都能做得出來了。

雖然是很基本的款式但不單調乏味

如果是常用的包包，那麼就應該要設計得讓人百看不厭才對吧？這麼一來，就要先
從基本包款做起。所以本書裡的包包，原則上都是基本款的東西。雖說是基本款，
但並不單調乏味喔！從包包底部到側面的顏色，都可以做成不同的顏色，所以能展
現出包包的特色。除了這些之外還有其他的小祕訣，就請各位翻開書去找看看囉！

跟固有觀念說再見

最近不是很流行自製洗碗布嗎？但是，被用來做洗碗布的紗線，難道只能做成洗碗
布嗎？這種線材其實又稱為「花式紗線」，可以試試看用這種線材來做包包喔！它
的材質相當輕巧鬆軟，而且還閃閃亮亮的。哇～哪裡還有比這種線材更適合拿來做網
狀包的呢？

簡單好看且製作快速

在鉤織物品的時候總是會有這種煩惱：到底要怎麼鉤才會更簡單、更快速，又能更
好看呢？我認為「快速地」完成一個物品比什麼都重要，所以除了圖樣包款和簡約
型包款的單元之外，我都沒有運用到很花時間的「短針鉤織法」。馬鞍包的韓文發
音也跟「發瘋包」同音，它通常就是使用短針鉤織法做出來的，那種無限反覆的厭
煩感，連我自己也會覺得討厭到快瘋掉！不過呢，我在本書中介紹的馬鞍包，相較
之下是能快速完成的包款，大家可以放輕鬆地做。

這麼可愛是要逼死誰？

在最後一個單元中，我收錄了一些超級可愛的包包。這些充滿童趣感的包包放在一
起時，看起來幸福洋溢又相當有趣。如果您身邊有孩子，請一定要做一個送給可愛
的孩子們喔！

Build a Bag
一起做吧！專屬於自己的鉤織包

雖然說露 C 包基本上是由露西提出的設計，
但是只要加上 1% 小小的點綴，就能變成專屬於你個人的獨特包喔！

你知道什麼是「打造包」嗎？

所謂的「打造包（Build a Bag）」是最近時尚界相當風行的一股熱潮。意思是在基本款的包包上弄出裝飾的元素，然後按照自己的喜好去選擇配件並組合出來的包包。這種形式也就是廣受世人喜愛的客製化包款。

所謂的客製化（Customizing），除了應用在打造包之外，也被活用於各種物品當中。舉例來說，人們可以在既有的運動鞋上縫上自己喜歡的縫片，或者在訂製傢俱的時候，選擇自己想要的隔板、框架來製作等等，擁有這種「看似一樣卻不盡相同」的個人專屬的特殊物件，就是所謂的客製化。即使只是一個小細節，也想要注入自己的喜好和特質，這樣的潮流可以說反映了人們的內心。

與笨拙露西一起製作專屬自己的包包吧！

親手鉤織出一個屬於自己的打造包，其實一點都不難。本書中所展示的都只是露西推薦的提案而已，請大家也注入個人獨有的喜好和特質，做出在這世上獨一無二的包包吧！如果想要製作沒有其他附加物件的組合，就單純只有包包本體的款式也 ok！不管是什麼，只要是自己選擇的，那就是你的正確答案。

Step1 **選擇基本包款**
首先來製作想要的包款，鉤出包底、側面、手提把等包包本體。

Step2 **選擇背帶和提把**
露 C 包基本上除了連接在包包上的手提把之外，還可以再選擇其他背帶及提把。兩個都接在包包上也很不錯，或者兩者當中擇一也可以，就算是把兩個都拿掉也沒問題。

Step3 **選擇裝飾品**
最後一個步驟就可以自由加上絨球、流蘇、掛飾、絲帶等裝飾品來做結尾。露西選用的裝飾品，各位要拿掉也是可以的，又或者露西沒有增添的裝飾，各位想要加上去也很不錯。

POINT
背帶、提把或裝飾品，全部加起來控制在 2-3 個以內就好，看起來會比較均衡。

Build a bag!

看似一樣，卻有不同的喜好和特色，
這就是反映自身特質的「打造包」。

在日常生活中閃閃發亮，
專屬於我的手作鉤織包。

Pattern bag

經典圖樣包款

我曾做過點點、條紋、格子、千鳥紋等這些禁得起時間考驗，
一直以來廣受人們喜愛的圖樣的包包，都很時髦而且相當實用。
我用紙線來做很有夏日氣息的條紋包和點點包，
然後用羊毛線來做一年四季都很好搭配的馬鞍包。
條紋包和點點包如果再加上提把，就能更增添可愛感。

嫩黃方格水桶包

這是如同春天一樣絢麗的包包。
加上提把時就變成托特包，
若搭配長背帶又可以變成側肩包。
嫩黃、薄荷綠、湛藍的色調搭配，
看起來既清爽又令人愛不釋手。

How to make … p.78

千鳥紋馬鞍包

是否很想編織出一個馬鞍包呢?
鉤織馬鞍包真的很需要強大的耐心,
不過因為這種包款的線材粗細都不一樣,
所以在鉤的時候可以稍微不那麼乏味一點。

How to make ... p.80

使用正紅色毛線做出的包底，讓整個包包看起來顯得很亮眼，
黑白相間的紋路配上紅色提把，給人一種成熟幹練又時髦的感覺。
如果是用暖色系的毛線來製作包包提把和背帶，並且拿小花裝飾在上面，
又會變得很柔和，給人截然不同的感受。

木質把手點點提包

這個包有著圓圓的包底、圓圓的圖案，還有圓圓的提把。
而且是用很輕巧的紙線和木質的提把做成的包款。
啊，它真的是令人愛不釋手，簡直是我的秋季本命包啊！

how to make … p.82

光是用木質提把做收尾，看起來就非常簡約優雅又美麗。
包底和背帶用了芒果黃的色調來搭配，給人一種清新美好的氛圍。
今天到底要秀出包包的哪一面呢？又出現選擇障礙了啊！

海軍風條紋水手包

夏季時分只要有這一款就足夠了。
藍色條紋圖樣配上繩子做成的提把，還有深粉色的背帶。
這樣就形成適合炎炎夏日的絕妙搭配！

how to make … p.84

在喜歡的包包上面，
點綴上喜歡的小飾品。
這樣不管誰看到都會知道：
你，是我的。

紅色點點手拿包

這是不管搭配任何衣服,都能立刻成為焦點的手拿包。
用口金彈簧片代替傳統的拉鍊,做出乾淨俐落的收尾。
若再幫它加上提把,想必這個包包就會更常陪伴在身邊了。

how to make ... p.86

深藍條紋手拿包

雖然作法相當容易，卻有著非常美麗的深藍條紋。
只要鉤出一排排的線條，然後再加上拉鍊就完成了，
是非常適合初學者的包包款式。
在酷酷的圖案上點綴一個笑臉，會增添可愛氣息喔！

how to make … p.88

Simple bag

素雅簡約包款

簡單的包款不但百看不膩而且相當帥氣，實用度可說是最高的。
這種包包看起來好像沒有什麼裝飾，隱約中卻流露著率性。
我鉤了圓形、橢圓形、長方形以及正方形的包底，
提把的部分也嘗試搭配四種非常流行的款式。
還可以做個小小的迷你包當成吊飾，看起來既簡潔又獨特。
在這裡我還會告訴大家該怎麼製作圓形和半月形的基本手拿包喔！

日常水桶包

這是一個圓筒形的包包。
包體本身做得比較深，
這樣就不會遺忘每天都要用到的重要物品了。
在我的日常生活中，它是個能一直陪伴著我的可愛包。

how to make … p.90

加條長提把，使用起來就會更加方便，
而且還有一個小小的迷你包吊飾，更添可愛度。
這個包包去除掉各種有的沒的元素，
充分表現出「Simple is best」的意義。
該怎麼辦哪！每個包都好美喔！

37

大容量公事包

這個包包的大小被設計成可以收納筆電和 A4 資料夾，
又被我稱為「努力上班日的包」，所以選用的顏色比較成熟穩重。
如果再加上長背帶還有提把，就可以讓雙手更自由。

how to make … p.92

手提書袋

這個包包可以讓人帶著沉重的書本到處跑，
圓柱形的提把相當結實，是另外鉤織之後再跟包包連接起來的。
帶著它出門的那天，再怎麼説都一定要放一本書在包包裡！

how to make … p.94

做結尾的時候付出一點小巧思，包包就會變得很不一樣。

看，只要加上一個吊飾，給人的整體印象是不是截然不同呢？

百搭耐用包

這真的是一款每天看都不會覺得膩的包包。
包包的開口可以開得很大,是它的特色之一,
底部則做成正方形,四角尖尖的比較好拿。
而麻花紋路讓人感覺細膩又優雅。

how to make … p.96

提把做成跟包包本體不一樣的感覺，
這就是隱約低調地展現率性的祕密。
看似是一個若無其事的設計，卻流露著帥氣感。

圓形絨球手拿包

這是單單用長針就能鉤出來的基本款手拿包。
靜靜坐著鉤個幾回就可以很快完成，簡單又乾淨俐落。
為了降低單調感，我故意將織片的背面翻過來當成包包正面，
看起來比較獨特又有質感。
有時候背面的圖樣反而更有新奇感，不是嗎？

how to make … p.100

不要為了把絨球的形狀剪得很光滑而花掉太多力氣，
絨球就是要有點鬆鬆散散的才自然，
弄得復古一點吧。

流蘇和絨球是裝飾這類包包時不可或缺的小物，
所以請一定要試著做做看。
它們不管放在什麼地方都很好搭配呢！

半月形流蘇手拿包

這款包的作法跟前面提過的圓形手拿包相似，
不過這一款是把鉤好的織片對折，
這樣就變成了半月形的模樣。
不管是休閒的或正式的穿著，
它真的是隨便搭配都超級好看的神物啊！

how to make ... p.102

Net bag

閃亮網狀包款

現在要來跟大家介紹的是網狀包，
這種包包只要用長針技巧，花幾個小時，一下子就能鉤出來喔！
像水晶一樣亮晶晶的線稱為「花式紗線」，也經常被稱為「洗碗布線」，
我覺得似乎沒有比這款紗線更適合用來製作網狀包的了。
如果跟粗細以及彩度不同的其他種類線材混著鉤織，點出重點，
看起來就會很特殊，甚至還會有很高級的感覺呢！

網狀束口袋

因為鉤出來的針目比較稀疏，
所以可以用來做成束口袋的形狀。
包包開口很大，水也容易排出，
很適合拿來裝沐浴用品。

how to make ... p.104

單提把網狀手掛包

這是出門運動時，一下子就能掛到手臂上的實用包！
可以把濕掉的泳衣或瑜伽服放在包包裡，
徐徐吹來的風很容易穿過包包縫隙，衣服馬上就會乾了。

how to make … p.106

混色網狀水桶包

流行一轉再轉，
最後水桶包還是回歸到流行的尖端了。
這是雖然令人再熟悉不過、卻又顯而易見的，
專屬於我們的燦爛水桶包。

how to make … p.108

這可不是什麼普通常見的網狀包。
而是把不同粗細和色調的紗線混合之後，
做出的耀眼包款。

寬口網狀購物袋

最近大家都說環保購物袋是必備的對吧？
我用網狀包的形式，
做出這個當成菜籃也很好用的大型購物袋。
從包包底部一直連結上去的提把，就是亮點所在，
而且長長的提把可以背在肩上，非常方便。
好的，我們趕快來做一個可以裝滿新鮮蔬果的包包吧！

how to make … p.110

Kids Bag

可愛童趣包款

在這個世界上，可愛的東西實在太多了，
我一邊想著各式各樣的可愛物品一邊設計出這些包包。
因為當初是設定給孩子用的，所以相較於大人的包，尺寸比較小。
此外，不管是長背帶或提把，
也試著使用包邊鉤織繩、蝴蝶結帶等方式來做出不同的變化。

骨碌碌轉動的眼球錢包

這個包包真的會讓人越看越愛不釋手！
在四四方方的包包上面，加上圓滾滾的大眼睛，
下面再用毛絨球做裝飾，看起來就更可愛了。
開口用的是磁扣，不論是開或關都非常簡單。

how to make ... p.112

微笑斜挎包

這個笑容不論何時看，都令人心情大好。
把能讓孩子開心的微笑圖案當成禮物送給他吧！
為了讓小孩子能方便背著走來走去，
裝上包邊鉤織繩做為可以斜背的背帶。

how to make ... p.113

蘋果束口袋

這個蘋果造型的束口袋實體比照片更美喔！
讓外表可以變得圓滾滾的祕訣就是泡泡編鉤織法。
當成裝孩子零食的收納袋相當好用呢！

how to make ... p.114

把一顆紅蘋果送給朋友！

我用雙鎖針鉤織法做出細長的蝴蝶結帶。
跟前面介紹過的微笑斜挎包的包邊鉤織繩又是不一樣的感覺。

半顆蘋果錢包

這個小巧玲瓏的錢包,最後收尾的時候,
是用一顆珠子來取代扣子或拉鍊,然後用清新爽綠的葉子做出亮點。
我在背面還設計了一個微笑的圖案,看了就令人心情大好。
若加上包邊鉤織的背帶,做成斜揹包也很不錯。

how to make ... p.116

彩虹斜挎包

這個彩虹斜挎包非常適合用來搭配小女生的洋裝。
只要把拉鍊拉上，開口就可以牢牢地合起來，
小女生的各種小東西也不會搞失蹤了。
如果拿掉包邊鉤織的背帶，當成錢包或鉛筆盒也是恰到好處！

how to make ... p.117

三角形手掛包

我很喜歡立體形狀的包包,所以就把它做出來了。
把四角形織片鉤完之後對折,就可以做出三角形的尖角,
開口再加上拉鍊或彈簧片就完成囉!

how to make … p.118

加上可以掛在手腕上晃啊晃啊的繩帶，以及蓬鬆的絨球，
我用比較有趣的感覺為包包做結尾。

用好吃的零食把它裝滿吧！

房屋手機袋

市面上手機相關的周邊產品，
大多是做給小女生用的，
但是做給小男生用的卻不多，
所以我就設計了這款男生會喜歡的男孩包（boy-bag）。

how to make ... p.119

我用大眾俗稱的「羅紋」，
來呈現房屋的屋頂。

圓點水壺套

野餐時帶著這個圓桶袋很有用，
平常當成孩子們的水壺套也不錯。
因為兩側的提把是相連的，
只要拉長就能變成斜背帶。

how to make ... p.120

那麼現在，各位準備好
要跟笨拙露西一起來做包包了嗎？

How to make

製作方法

在這個單元裡會告訴大家製作每款包包的方式。
針對露西所選擇的元素，各位可以按照各自的喜好來選用或省略，
或者加上其他元素也是可以的。
好的，就請大家來設計一款專屬於自己的打造包吧！

使用說明

- 在這個單元當中，我會介紹各款包包的結構和圖樣，並告訴大家製作的基本方法。
- 在本單元中所使用到的鉤織法，詳細說明請見 **P.124 <基本課>**。初學鉤織的人，建議先熟悉基本技巧之後再進行。
- 鉤織包的包底、手提把，以及圖樣的鉤織方法請見 **P.148 <重點課>**，在那裡有非常詳盡的解說。
- 編織提把、肩背帶、絨球、流蘇等附屬配件與裝飾品，以及收尾的方法，請參考 **P.170 <收尾課>**。
- 每個包款都有標示出尺寸做為參考，但按照每個人的狀況，完成品的尺寸可能各有不同。
- 為了方便閱讀，我大多用阿拉伯數字來表達具有「數字」意義的單字。（例如：兩段→ 2 段）
- 我會用星號★來標示每個包款製作的難易程度。
  - ★　　利用簡單的技巧，花 1-2 小時左右就能完成。
  - ★★　①雖然技巧簡單，但是需要耗費 2 個小時以上。
  - 　　　②雖然技巧困難，但是在 2 個小時內就可以鉤完。
  - ★★★　①技巧大多相當繁瑣。
  - 　　　　②雖然技巧簡單，但需要投資 3 個小時以上才做得完。
- 我標示出來的材料用量，基本上都會估算得比較充足。
- 在製作方法中，完成包包本體後，我還會再寫上 **<Lucy's Choice>**。大家可以參考看看我所選擇的搭配法，再依喜好增添或做變化，試著做出專屬於自己特色的包吧！
- 各款包包皆有附上表格式編織圖與圖樣式編織圖（包底與側面分開解構），編織同時請務必一邊閱讀。
- 圖樣式編織圖的閱讀方式：
  包底：【段數】由內圈往外圈計算；【針目數】由起針開始逆時針計算。
  側面：【段數】由下往上計算；【針目數】由右往左計算。

鉤織記號

鎖針	⬯	逆短針	⤬
引拔針	⬮	長針	⊤
短針	✕	2 長針加針	V
2 短針加針	⋎	表牽上長針	ʆ
2 短針併針	⋏	裡牽上長針	ʅ
短針畝編	⋉	中長針 3 針玉編	⬭

嫩黃方格水桶包

P.22

★★★

✖ to build

圖樣包款＋肩背帶＋編織提把＋微笑裝飾品

成品重量：410g
成品尺寸：參考下方

材料

線材	**包底** 布線（Wool And The Gang 的 Jersey Be Good，亮黃色 180g）
	包包側面 羊毛線（Hera 純毛，白色和檸檬黃和亮黃色共 230g）
	肩背帶 羊毛線（Hera 純毛，薄荷綠 60g）
	編織提把 布線（Wool And The Gang 的 Jersey Be Good，亮藍色 5m）
鉤針	**包底** 10mm 鉤針　**包包側面** 8 號鉤針　**肩背帶** 6 號鉤針
其他物品	毛線縫針、剪刀、內袋小包（包含 90cm 繩子）、D 型環 2 個、提把的鉤環 2 個、肩背帶的鉤環 2 個、微笑裝飾品

使用的鉤織技巧　短針、長針、逆短針

製作方法

1 將亮黃色的布線繞出兩個線圈，然後用輪狀起針開始編織。一邊鉤短針一邊增加針目，鉤出 7 段 42 個針目的包底。

2 更換鉤針和織線，以長針開始鉤出包包的側面。在鉤第 8 段的時候，要在第 7 段的每一個針目上鉤 2 針，要鉤出 84 個針目，並依同樣針目數來鉤出 13 段（從包底算起 20 段）。

3 用逆短針鉤出 84 個針目（第 21 段）之後把線剪斷，然後整理線頭。

4 把內袋小包放入大包裡，用縫合的方式把小包跟大包側面的第 13 段連接。

5 Lucy's choice 用 6 個捲邊縫把 D 型環跟包體側面的第 13 段（20 段）連接起來後，掛上跟馬卡龍色系很搭的薄荷綠肩背帶和亮藍色提把。

POINT

用布線鉤出堅固的包底之後，我改用毛線並以長針來快速地鉤出包包側面。像這樣把粗線和細線混合著鉤織，就能簡單又快速地完成。

◆ 編織提把的製作方法
請參考 p.176

編織提把 35cm

縫合

20cm

21cm

7cm

34cm

縫合

內袋小包

28cm

繩子
90cm

◆ 肩背帶的製作方法
請參考 p.178

18 針 60 段（70cm）
肩背帶

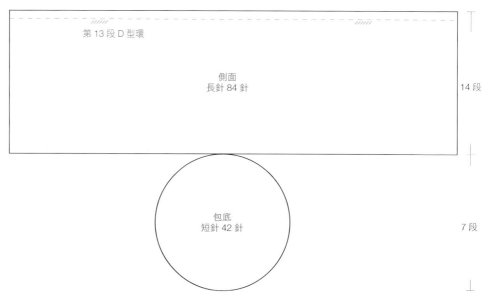

第 13 段 D 型環

側面
長針 84 針

14 段

包底
短針 42 針

7 段

編織圖

結構	段數	針目數	加針
邊緣	21	84	
側面	8~20	84	+42
包底	7	42	+6
	6	36	+6
	5	30	+6
	4	24	+6
	3	18	+6
	2	12	+6
	1	6	

格紋圖樣

◆ 格紋圖樣的鉤織法請參考 p.166

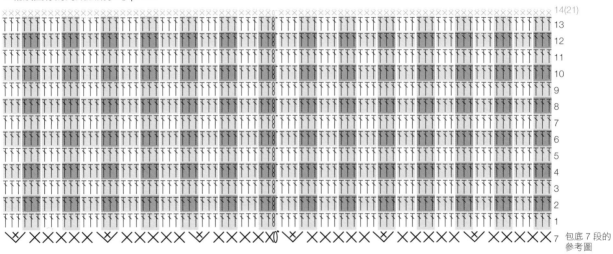

14(21)

包底 7 段的
參考圖

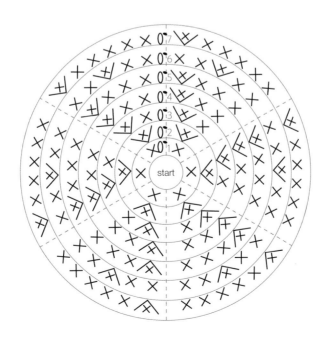

start

千鳥紋馬鞍包

P.24
★★★

✖ to build
圖樣包款＋肩背帶＋編織提把＋花朵裝飾品

成品重量：420g
成品尺寸：參考下方

材料

線材 包底 布線（Wool And The Gang 的 Jersey Be Good，波比紅 150g）
包包側面 羊毛線（Hera 純毛，白色和黑色共 270g）
肩背帶 羊毛線（Hera 純毛，丁香紫色 60g）
編織提把 布線（Wool And The Gang 的 Jersey Be Good，亮黃色 5m）

鉤針 包底 10mm 鉤針　包包側面 8 號鉤針　肩背帶 6 號鉤針

其他物品 毛線縫針、剪刀、內袋小包（包含 90cm 繩子）、磁釦、提把的鉤環 2 個、肩背帶的鉤環 2 個、D 型環 2 個、花朵裝飾品

使用的鉤織技巧 短針、短針畝編、逆短針、長針

製作方法

1 將波比紅的布線繞出兩個線圈，然後用輪狀起針開始編織。一邊鉤短針一邊增加針目，鉤出 6 段 44 個針目的包底。

2 更換成包包側面要用的鉤針和織線，以短針畝編來開始鉤側面。參考編織圖，鉤側面第 1 段時，必須在包底第 6 段的每一個針目鉤 2 針，要鉤出 104 個針目，持續鉤出 27 段（從包底算起 33 段）。

3 接著用逆短針鉤出 104 個針目（第 34 段）之後，把線剪斷，然後整理線頭。在側面的第 27-25 段之間加上磁釦，這樣就完成了。

4 把內袋小包放入大包裡來使用。

5 Lucy's choice 用 6 個捲邊縫把 D 型環跟包體側面的第 26 段（32 段）連接起來後，掛上丁香紫色的肩背帶來做出亮點。這款包包的肩背帶和編織提把也可以用紅色或黑色來搭配，看起來會相當漂亮。

◆ 編織提把的製作方法
請參考 p.176

編織提把 35cm

18cm

18cm

34cm

內袋小包

28cm

繩子
90cm

◆ 肩背帶的製作方法
請參考 p.178

18 針 60 段（70cm）
肩背帶

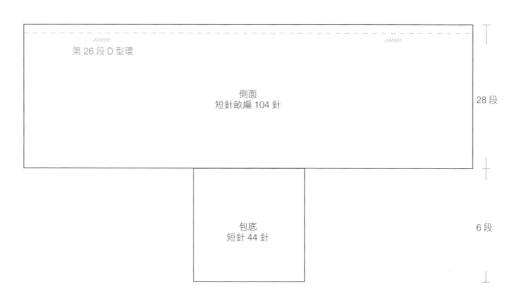

第 26 段 D 型環

側面
短針畝編 104 針

28 段

包底
短針 44 針

6 段

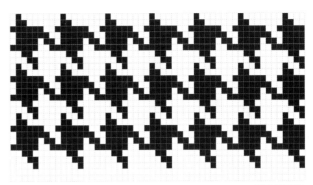

千鳥紋圖樣

◆ 千鳥紋圖樣的鉤織法請參考 p.168

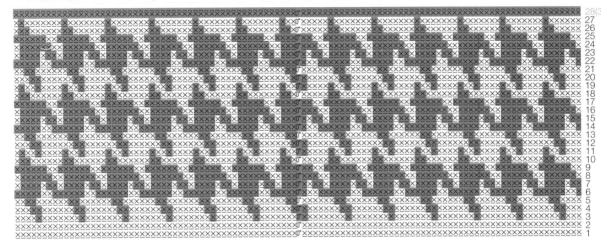

28(34)
27
26
25
24
23
22
21
20
19
18
17
16
15
14
13
12
11
10
9
8
7
6
5
4
3
2
1

包包側面 1 段的參考圖

編織圖

結構	段數	針目數	加針
邊緣	34	104	
側面	7~33	104	+44+16
包底	6	44	+8
	5	36	+8
	4	28	+8
	3	20	+8
	2	12	+8
	1	4	

木質把手點點提包

P.26

★★★

✖ to build

圖樣包款＋木質提把＋肩背帶

成品重量：435g
成品尺寸：參考下方

材料

線材 包底 有機棉線（KPC gossyp 粗厚款有機棉，芒果黃 35g）
包包側面 紙線（MIDORI Twist，白色和海軍藍各 200g）
肩背帶 有機棉線（KPC gossyp DK 有機棉，芒果黃 60g）

鉤針 包底＋包包側面 8 號鉤針 **肩背帶** 6 號鉤針

其他物品 毛線縫針、剪刀、木質提把 2 個、D 型環 2 個、肩背帶的鉤環 2 個

使用的鉤織技巧 短針、長針

製作方法

1 首先鉤包底。用芒果黃的棉線鉤出 37 個鎖針之後，在第一個針目和最後一個針目加針、並沿著針目鉤短針，參考編織圖，鉤出 6 段 100 針的橢圓形包底。

2 為了鉤出側面，拿白色和海軍藍兩股紙線以短針交錯鉤出圓點圖樣，共 30 段（從包底算起 36 段）。

3 用海軍藍的紙線在木質提把上鉤出 30 個短針。在包體側面的第 23-30 段，用 30 針捲邊縫將提把跟包包連接起來。

4 **Lucy's choice** 用 6 個捲邊縫把 D 型環跟包體側面的第 27 段（33 段）連接起來後，再把芒果黃的肩背帶鉤上去，這樣就完成了。雖然光是木質提把本身就已經非常漂亮了，不過我想要加上肩背帶來提高活動性。包底和肩背帶用的是同一個顏色，這樣更為包包加上幾分輕快活潑的感覺。

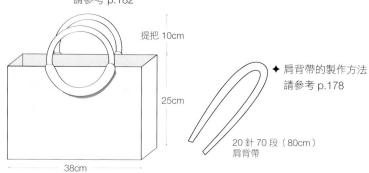

◆ 木質提把的安裝方法
請參考 p.182

提把 10cm

25cm

38cm

◆ 肩背帶的製作方法
請參考 p.178

20 針 70 段（80cm）
肩背帶

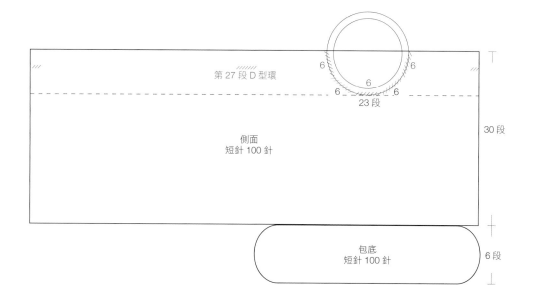

第 27 段 D 型環

6 6

6 6

6

23 段

30 段

側面
短針 100 針

包底
短針 100 針

6 段

編織圖

結構	段數	針目數	加針
側面	7~36	100	30 段
包底	6	100	
	5	100	+10
	4	90	
	3	90	+10
	2	80	
	1	80	
	起針	37	

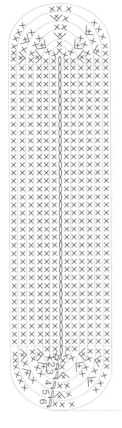

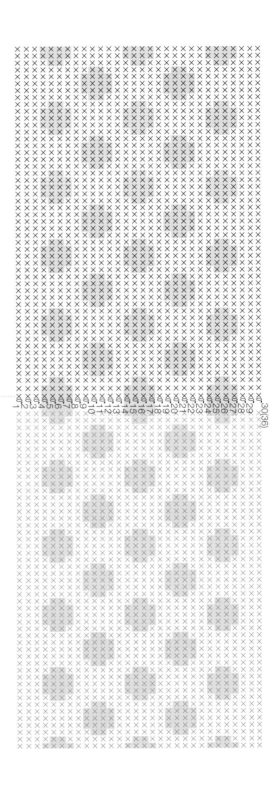

✦ 圓點圖樣的鉤織法
請參考 p.162

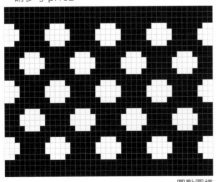

圓點圖樣

海軍風條紋水手包

P.28

★★★

✗ to build
圖樣包款＋繩子提把＋肩背帶＋微笑裝飾品

成品重量：435g
成品尺寸：參考下方

材料

線材	包底 有機棉線（KPC gossyp 粗厚款有機棉，紅鶴粉 35g） 包包側面 紙線（MIDORI Twist，白色和海軍藍各 200g） 肩背帶 有機棉線（KPC gossyp DK 有機棉，紅鶴粉 60g）
鉤針	包底＋包包側面 8 號鉤針　肩背帶 6 號鉤針
其他物品	毛線縫針、剪刀、繩子（直徑 2cm／長度 2m）、D 型環 2 個、肩背帶的鉤環 2 個、微笑裝飾品

使用的鉤織技巧 短針、長針

製作方法

1　首先鉤包底。用紅鶴粉的棉線鉤出 29 個鎖針之後，在第一個針目和最後一個針目加針、並沿著針目鉤短針，參考編織圖，然後鉤出 6 段 100 針的長方形包底。

2　為了鉤出側面，拿白色和海軍藍兩股線以短針交錯鉤織出條紋圖樣。鉤出 36 段之後，要鉤第 37 段的時候，參考編織圖與下方圖示，鉤出可以穿繩子的洞，然後一直鉤短針鉤到 40 段（從包底算起 46 段）。

3　 Lucy's choice 　在第 37 段預留的孔洞中把繩子穿過去並打結，這樣就完成包包的提把部分了。接下來我想要做出一些清爽的感覺來搭配條紋圖樣和繩子。我用 6 個捲邊縫把 D 型環跟包體側面的第 37 段（43 段）連接起來後，掛上跟包底相同顏色的肩背帶，再加上微笑裝飾品，如此做結尾。

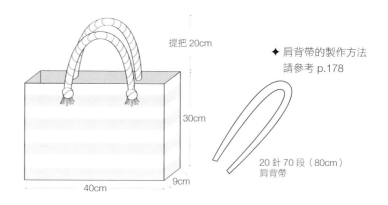

提把 20cm

30cm

40cm

9cm

◆ 肩背帶的製作方法
請參考 p.178

20 針 70 段（80cm）
肩背帶

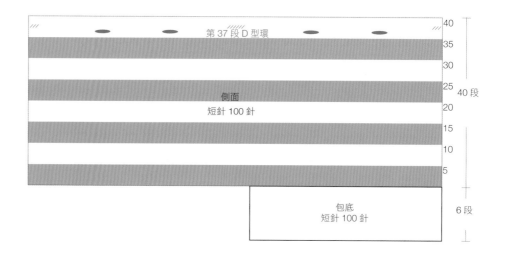

第 37 段 D 型環

側面
短針 100 針

40 段

包底
短針 100 針

6 段

編織圖

結構	段數	針目數	加針
側面	7~46	100	40 段
包底	6	100	+8
	5	92	+8
	4	84	+8
	3	76	+8
	2	68	+8
	1	60	
	起針	29	

◆ 條紋圖樣的鉤織法請參考 p.164

條紋圖樣

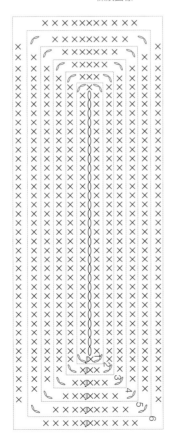

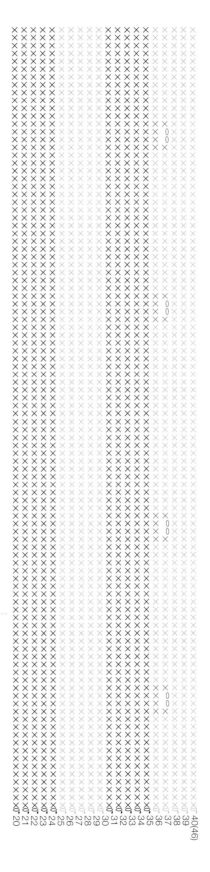

紅色點點手拿包

P.30
★★

✖ to build
圖樣包款＋口金彈簧片

成品重量：260g
成品尺寸：參考下方

材料

線材	包包本體 羊毛線（Hera 純毛，白色和紅色 260g）
鉤針	8 號鉤針
其他物品	毛線縫針、剪刀、口金彈簧片（寬 1.6cm ／ 長 25cm）

使用的鉤織技巧 短針、短針畝編、逆短針

製作方法

1 用白色毛線繞出兩個線圈，然後鉤出 40 個鎖針之後，沿著鎖針針目來回鉤出 80 個短針（1 段）。

2 拿白線和紅線以短針畝編交錯鉤織出圓點圖樣到 27 段，然後用逆短針做結尾（第 28 段）。

3 為了裝上口金彈簧片，用白線繞出一個線圈，然後在第 27 段的內側向上鉤出 6 段 80 個短針之後，留下 60cm 的線，然後把線剪斷。包入口金彈簧片，再用毛線縫針每一個針目縫一針捲邊縫，把口金彈簧片安裝上去。

4 Lucy's choice 我用口金彈簧片在包包開口做出乾淨俐落的收尾，因為我想要強調紅色圓點本身清新的感覺，所以就沒有再多加任何裝飾了。

◆ 口金彈簧片的安裝方法請參考 p.183

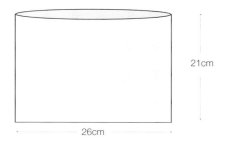

21cm

26cm

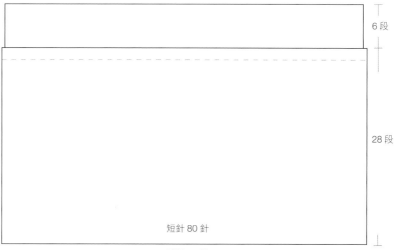

6 段

28 段

短針 80 針

鎖針 40 針

圓點圖樣

編織圖

結構	段數	針目數	加針
口金 彈簧片	29~34	80	
包包 本體	28	80	
	1~27	80	+40
	起針	40	

◆ 圓點圖樣的鉤織法請參考 p.162

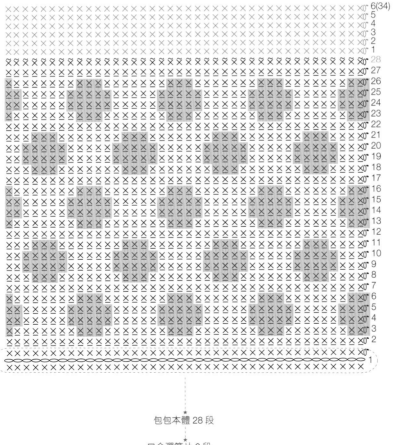

包包本體 28 段

口金彈簧片 6 段

深藍條紋手拿包

P.32

★

✖ to build

圖樣包款＋拉鍊＋微笑補丁縫片

成品重量：250g
成品尺寸：參考下方

材料

線材	包包本體 羊毛線（Hera 純毛，白色和海軍藍 250g）
鉤針	8 號鉤針
其他物品	毛線縫針、剪刀、縫線、縫針、拉鍊

使用的鉤織技巧　長針、逆短針

製作方法

1　用白色毛線繞出兩個線圈，然後鉤出 40 個鎖針之後，沿著鎖針針目來回鉤出 80 個長針（1 段）。

2　把線換成海軍藍，以白色一排、海軍藍一排的規則，以長針交錯鉤織出條紋圖樣到 18 段。

3　用逆短針鉤出第 19 段來做收尾。

4　Lucy's choice　我在包包開口內側用捲邊縫把拉鍊安裝上去，然後縫上補丁縫片來做出包包亮點。如果想要髦酷炫一點的感覺，也可以不加補丁縫片，簡單俐落地收尾也很好看。

◆ 拉鍊的安裝方法請參考 p.183

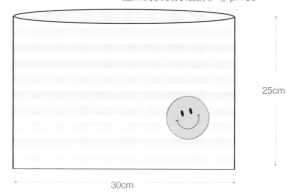

25cm

30cm

19 段

長針 80 針

鎖針 40 針

條紋圖樣

◆ 條紋圖樣的鉤織法請參考 p.164

★
包包本體 19 段

編織圖

結構	段數	針目數	加針
包包本體	19	80	
	1~18	80	+40
	起針	40	

日常水桶包

P.36
★★★

✘ to build

圓形包＋迷你包吊飾＋編織提把

成品重量：200g
成品尺寸：參考下方

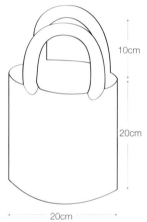

◆ 迷你包的作法請參考 p.98

編織提把
50cm

◆ 編織提把的製作方法
　請參考 p.176

材料

線材	包包本體＋迷你包 紙線（MIDORI Twist，米色 200g） 編織提把 布線（Wool And The Gang 的 Jersey Be Good，黑色 6.5m）
鉤針	6 號鉤針
其他物品	毛線縫針、剪刀、D 型環 2 個、吊飾的鉤環 1 個、編織提把的鉤環 2 個

使用的鉤織技巧　短針

製作方法

1　用米色的紙線繞出兩個線圈，然後用輪狀起針開始編織。一邊鉤短針一邊增加針目，鉤出 16 段 96 個針目的包底。接著鉤側面時不需要加針，用短針鉤出 31 段（從包底算起 47 段）之後，把線擱置待用。

2　為了鉤出提把，要從立針開始算的第 13 個針目那裡接上一段新的線，然後鉤出 46 個鎖針，之後在第 23 個針目那裡做出引拔針，再把線剪斷。接著在第 25 個針目那裡接上一段新的線，然後鉤出 46 個鎖針，之後在第 23 個針目那裡做出引拔針，完成兩側提把的起針。

3　接著用新的線鉤出提把內側 3 段，然後把線剪斷。再用鉤包包側面時待用的線鉤出提把外側 3 段，然後把線剪斷，最後用毛線縫針整理線頭（50 段）。

4　Lucy's choice　我會做出跟包包本體長得一模一樣的迷你包當成吊飾，然後加上黑色的編織提把來做收尾。

POINT

本書收錄的簡約型包款都是屬於基本款式，紋路都要鉤得一樣，這是重點！要是一天之內無法完成的話，那麼請用三天把包包分作三個部分完成吧。如果像這樣把包底、包包側面、提把分開來鉤織，即使每一次手勁的力道都稍微有些不同，也依然能鉤出漂亮又乾淨俐落的包包。

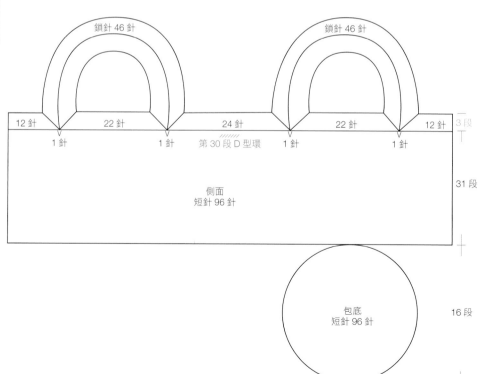

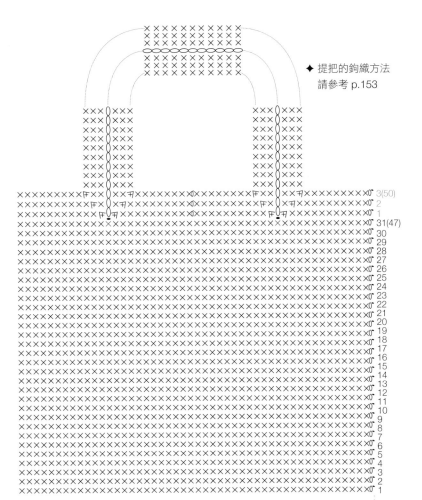

◆ 提把的鉤織方法
請參考 p.153

編織圖

結構	段數	針目數	加針
提把	48~50		3 段
側面	17~47	96	31 段
包底	16	96	+6
	15	90	+6
	14	84	+6
	13	78	+6
	12	72	+6
	11	66	+6
	10	60	+6
	9	54	+6
	8	48	+6
	7	42	+6
	6	36	+6
	5	30	+6
	4	24	+6
	3	18	+6
	2	12	+6
	1	6	

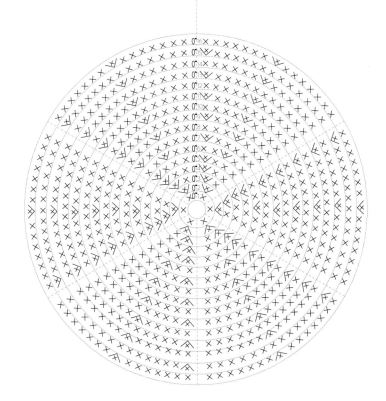

大容量公事包

P.38

★★★

✖ to build

長方形包＋迷你包吊飾＋編織提把

成品重量：275g
成品尺寸：參考下方

材料

線材	包底 有機棉線（KPC gossyp 粗厚款有機棉，微風藍 35g） 包包側面＋迷你包 紙線（MIDORI Twist 206，摩卡棕 240g） 編織提把 布線（Wool And The Gang 的 Jersey Be Good，金棕色 6.5m）
鉤針	包底 7 號鉤針　包包側面 6 號鉤針
其他物品	毛線縫針、剪刀、D 型環 2 個、吊飾的鉤環 1 個、編織提把的鉤環 2 個

使用的鉤織技巧　短針

製作方法

1　用微風藍色的棉線鉤出 29 個鎖針之後，在第一個針目和最後一個針目加針、並沿著針目鉤短針 60 針（1 段），參考編織圖，然後鉤出 6 段 100 個針目的長方形包底。接著換成摩卡棕色的紙線鉤包包側面，不需要增加針目，用短針鉤出 47 段（從包底算起 53 段）之後，把線擱置待用。

2　為了鉤出提把，要從立針開始算的第 17 個針目那裡接上一段新的線，然後鉤出 25 個鎖針，之後在第 17 個針目那裡做出引拔針，再把線剪斷。然後為了鉤出另一側的提把，要在第 33 個針目那裡接上一段新的線，然後鉤出 25 個鎖針，之後在第 17 個針目那裡做出引拔針，再把線剪斷。此時織片可能會因手勁力道的不同而變得有些扭曲，因此要把織片好好整理一下，再把包包中心點抓出來。接著拿預留待用的線用短針鉤出提把外側 5 段（58 段）。

3　再拿新的線用短針鉤出提把內側，這樣就完成了。

4　**Lucy's choice**　我會掛上迷你包當成吊飾，然後加上編織提把來做收尾。

◆ 迷你包的作法請參考 p.99

9cm

27cm

30cm

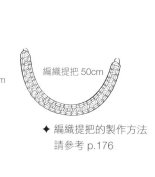

編織提把 50cm

◆ 編織提把的製作方法
　請參考 p.176

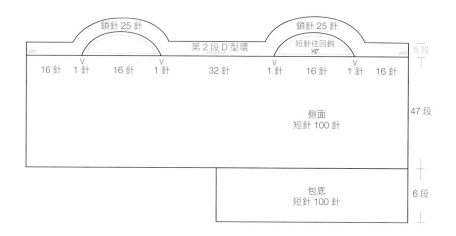

鎖針 25 針　　　　　　鎖針 25 針

第 2 段 D 型環　　　短針往回鉤

16 針　1 針　16 針　1 針　　32 針　　1 針　16 針　1 針　16 針

5 段

47 段

側面
短針 100 針

包底
短針 100 針

6 段

編織圖

結構	段數	針目數	加針
提把	54~58		5 段
側面	7~53	100	47 段
包底	6	100	+8
	5	92	+8
	4	84	+8
	3	76	+8
	2	68	+8
	1	60	
	起針	29	

提把可能會因手勁力道的不同而變得有些扭曲。
在鉤鎖針的時候，如果織片變得歪七扭八，
就要好好調整一下加入新線的位置，
讓整體的樣子保持均衡。

◆ 提把的鉤織方法
　請參考 p.160

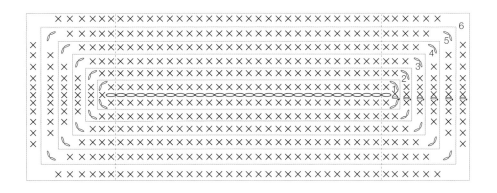

手提書袋

P.40
★★★

✖ to build
橢圓形包＋迷你包吊飾

成品重量：315g
成品尺寸：參考下方

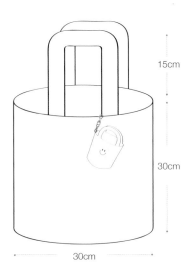

◆ 迷你包的作法請參考 p.99

材料

線材	包底 有機棉線（KPC gossyp 粗厚款有機棉，仙客來紫紅 35g） 包包側面＋迷你包 紙線（MIDORI Twist 213，深夜藍 280g）
鉤針	包底 7 號鉤針　包包側面 6 號鉤針
其他物品	毛線縫針、剪刀、吊飾的鉤環 1 個

使用的鉤織技巧　短針

製作方法

1　用仙客來紫紅色的棉線鉤出 37 個鎖針之後，在第一個針目和最後一個針目加針、並沿著針目鉤短針 80 針（1 段），參考編織圖，然後鉤出 6 段 100 個針目的橢圓形包底。接著換成深夜藍色的紙線來鉤包包側面，不需要增加針目，用短針鉤出 47 段（從包底算起 53 段）之後把線剪斷。

2　接下來鉤提把。一開始要預留 20cm 的線頭，然後鉤出 12 個鎖針，之後在第一個針目那裡做出引拔針，再用短針鉤出圓筒的形狀鉤 50 段，之後留下 20cm 的線之後，把線剪斷。用同樣的方法鉤出 2 個提把。

3　把提把對折，在包包側面第 47 段從第 14 個針目開始做出 6 個捲邊縫，之後從第 13 個針目開始做出 6 個捲邊縫，將一側的提把跟包包連接起來。用同樣的方法將另一側的提把也縫合起來。

4　Lucy's choice　我會再做一個跟包包本體一模一樣的迷你包當成吊飾掛上去。給這類海軍藍色調的包包加上一點華麗的裝飾，感覺也很搭配。

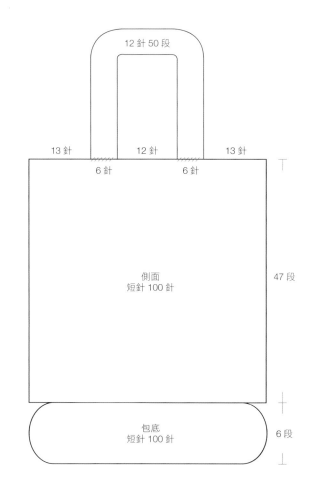

×××××××
50 段

××××××
××××××
××××××
××××××

為了能連接上包包，提把的開頭和結尾要
各留下 20cm 的線頭。

◆ 提把的鉤織和連接的方法
  請參考 p.156

編織圖

結構	段數	針目數	加針
側面	7~53	100	47 段
	6	100	
	5	100	+10
	4	90	
包底	3	90	+10
	2	80	
	1	80	
	起針	37	

捲邊縫

47(53)
46
45
44
43
42
41
40
39
38
37
36
35
33
32
31
30
29
28
27
26

5
4
3
2
1

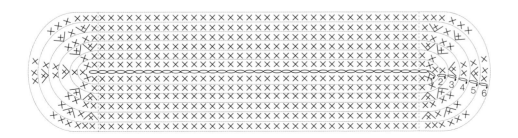

百搭耐用包

P.42

★★★

✖ to build

正方形包＋迷你包吊飾＋肩背帶

成品重量：200g
成品尺寸：參考下方

材料

線材	包包本體＋迷你包 紙線（MIDORI Twist 205，秋收南瓜色 200g） 肩背帶 羊毛線（Hera Wool，黑色 45g）
鉤針	6 號鉤針
其他物品	毛線縫針、剪刀、D 型環 2 個、吊飾的鉤環 1 個、肩背帶的鉤環 2 個

使用的鉤織技巧 短針

製作方法

1. 用秋收南瓜色的紙線繞出兩個線圈，然後用輪狀起針開始編織。一邊鉤短針一邊增加針目，鉤出 13 段 100 個針目的包底。接著鉤包包側面，不需要加針，用短針鉤出 33 段（從包底算起 46 段）之後，把線留著待用。

2. 為了鉤出提把，要從立針開始算的第 10 個針目那裡接上一段新的線，然後鉤出 30 個鎖針，之後在第 20 個針目那裡做出引拔針，再把線剪斷。接著為了鉤出另一側提把，要在第 30 個針目那裡接上一段新的線，然後鉤出 30 個鎖針，之後在第 20 個針目那裡做出引拔針，再把線剪斷。

3. 接下來拿鉤包包側面時預留待用的線，鉤出提把外側的 4 段之後，從上到下做出引拔針。接著再拿一段新的線，用短針鉤出提把內側，這樣就完成了。

4. <u>Lucy's choice</u> 我會做出跟包包本體長得一模一樣的迷你包當成吊飾，然後加上肩背帶以增加活用性。

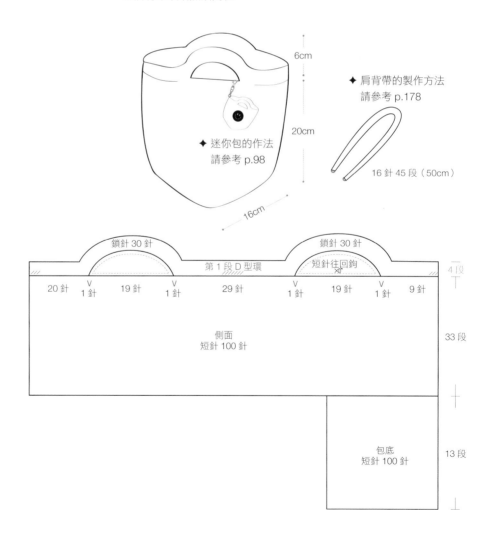

6cm

20cm

◆ 迷你包的作法
　請參考 p.98

16cm

◆ 肩背帶的製作方法
　請參考 p.178

16 針 45 段（50cm）

鎖針 30 針　　　　　鎖針 30 針

第 1 段 D 型環　　　短針往回鉤　　　4 段

20 針　V 1 針　19 針　V 1 針　29 針　V 1 針　19 針　V 1 針　9 針

側面
短針 100 針　　　33 段

包底
短針 100 針　　　13 段

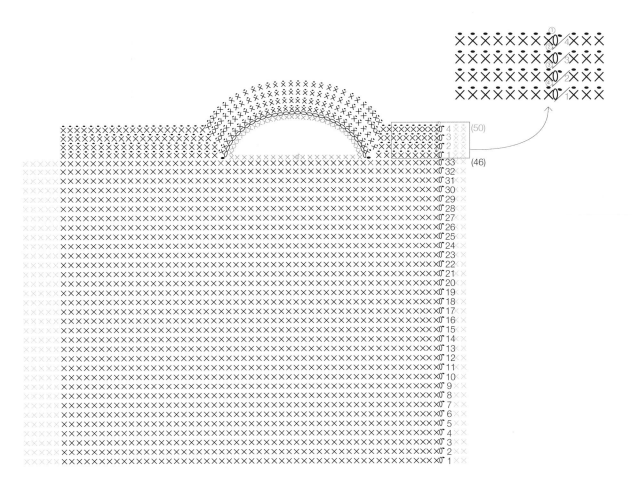

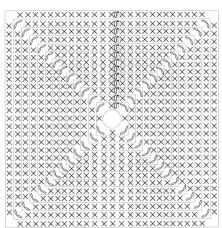

編織圖

結構	段數	針目數	加針
提把	47~50		4 段
側面	14~46	100	33 段
包底	13	100	+8
	12	92	+8
	11	84	+8
	10	76	+8
	9	68	+8
	8	60	+8
	7	52	+8
	6	44	+8
	5	36	+8
	4	28	+8
	3	20	+8
	2	12	+8
	1	4	

迷你日常水桶包

P.90

 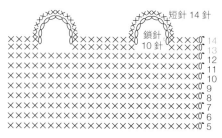

編織圖

結構	段數	針目數	加針
提把	13~14		
側面	5~12	24	8 段
包底	4	24	+6
	3	18	+6
	2	12	+6
	1	6	

迷你百搭耐用包

P.96

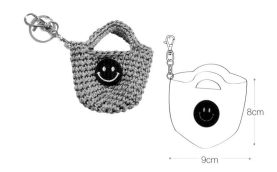 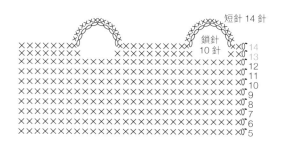

編織圖

結構	段數	針目數	加針
提把	13~14		
側面	5~12	28	8 段
包底	4	28	+8
	3	20	+8
	2	12	+8
	1	4	

迷你書袋

P.94

9cm

8cm

編織圖

結構	段數	針目數	加針
提把	14~15		
側面	4~13	28	11 段
包底	3	28	+10
	2	18	
	1	18	
	起針	6	

提把可能會因著手勁力道的不同而變得有些扭曲。
開始鉤第 14 段時，請注意要讓第 1-3 個針目更保持均衡。

短針 14 針

鎖針
10 針

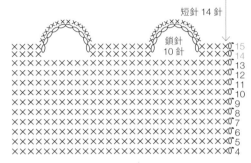

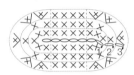

迷你公事包

P.92

9cm

8cm

編織圖

結構	段數	針目數	加針
提把	14~15		
側面	3~13	24	11 段
包底	2	24	+8
	1	16	
	起針	7	

提把可能會因著手勁力道的不同而變得有些扭曲。
開始鉤第 14 段時，請注意要讓第 1-3 個針目更保持均衡。

短針 14 針

鎖針
10 針

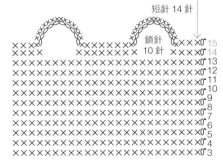

圓形絨球手拿包

P.44
★

✄ to build
圓形手拿包＋拉鍊＋絨球

成品重量：280g
成品尺寸：參考下方

材料

線材	包包本體 布線（Jelly Yarn，黃色 280g） 絨球 混紡羊毛線（綠色和橘色各 50g）
鉤針	8 號鉤針
其他物品	毛線縫針、剪刀、拉鍊、縫線、厚紙板或絨球製作道具

使用的鉤織技巧 短針、長針

製作方法

1 將黃色的布線繞出兩個線圈，然後用輪狀起針開始編織。一邊鉤長針一邊增加針目，如此鉤出 7 段 84 個針目之後，把線剪斷。

2 用同樣的方法再鉤出一片織片，之後把兩片織片的正面面對面對齊，然後參考編織圖，把紅色星星★～★之間的範圍用 44 個短針①連接起來。

3 接著製作手拿包的開口處，只在其中一片織片上鉤出 40 個短針②，然後拿新的線也在另一邊織片鉤出 40 個短針③，之後把線剪斷，用毛線縫針整理線頭（第 8 段）。

4 **Lucy's choice** 我在包包開口的地方用捲邊縫將拉鍊縫上去，然後用絨球當成裝飾。圓圓的包包搭配上圓圓的絨球，整個圓滾滾的，可愛度 UP ！

POINT
與其把絨球的表面修剪得很光滑，有點參差不齊、鬆鬆散散的反而更有復古感。

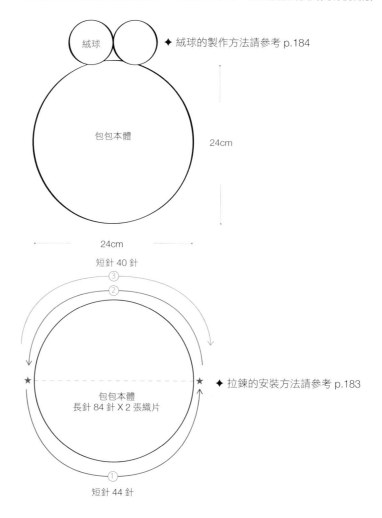

絨球　　◆ 絨球的製作方法請參考 p.184

包包本體　　24cm

24cm

短針 40 針
③
②
★　★　◆ 拉鍊的安裝方法請參考 p.183
包包本體
長針 84 針 X 2 張織片
①
短針 44 針

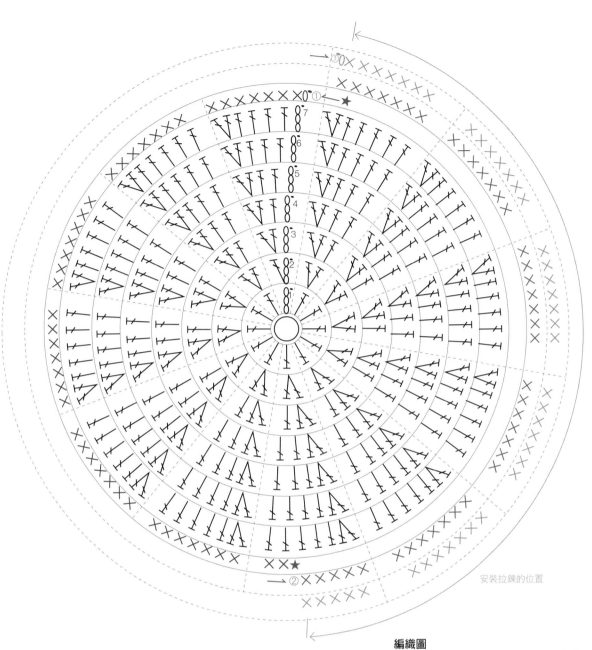

安裝拉鍊的位置

編織圖

結構	段數	針目數	加針	織片數
組裝	8（後織片）	40	③	
	8（前織片）	40	②	
	連接兩片	44	①	
包包本體	7	84	+12	×2
	6	72	+12	
	5	60	+12	
	4	48	+12	
	3	36	+12	
	2	24	+12	
	1	12		

半月形流蘇手拿包

P.46

★

✖ to build
半月形手拿包＋拉鍊＋流蘇

成品重量：280g
成品尺寸：參考下方

材料

線材	包包本體 布線（Jelly Yarn，淡藍色 280g）
	流蘇 布線（Jelly Yarn，天空藍 50g）
鉤針	8 號鉤針
其他物品	毛線縫針、剪刀、拉鍊、縫線、厚紙板或流蘇製作道具

使用的鉤織技巧 長針

製作方法

1　用淡藍色的布線鉤出 10 個鎖針之後，在第一個針目和最後一個針目加針、並沿著針目鉤 28 個長針（1 段）。

2　參考編織圖，一邊鉤長針一邊加針目，如此鉤出 9 段 124 針，把線剪斷。

3　 Lucy's choice 　我把織片對折之後，在開口的內側用捲邊縫將拉鍊安裝上去，然後把事先做好的流蘇當成裝飾物，讓包包看起來既簡約又新穎。

流蘇　　◆ 流蘇的製作方法請參考 p.184

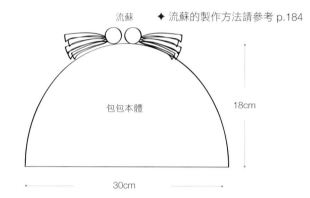

包包本體

18cm

30cm

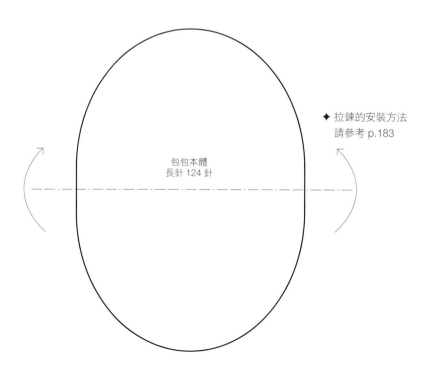

包包本體
長針 124 針

◆ 拉鍊的安裝方法
　請參考 p.183

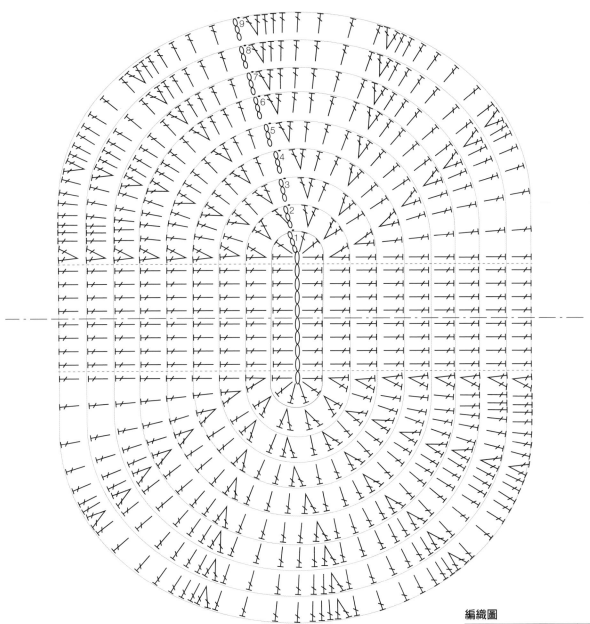

編織圖

結構	段數	針目數	加針
	9	124	+12
	8	112	+12
	7	100	+12
	6	88	+12
包包 本體	5	76	+12
	4	64	+12
	3	52	+12
	2	40	+12
	1	28	
	起針	10	

網狀束口袋

P.50
★★

✘ to build
網狀包＋沒有其他附屬配件

成品重量：110g
成品尺寸：參考下方

材料

線材	包底 羊毛線（Hera 純毛，棕褐色 45g） 包包側面 花式紗線（Lovely 花式紗線，黃色 160g） 繩子＋珠狀球 羊毛線＋花式紗線（少量）
鉤針	6 號鉤針
其他物品	毛線縫針、剪刀

使用的鉤織技巧 短針、長針

製作方法

1 將棕褐色的毛線繞出兩個線圈，然後用輪狀起針開始編織。一邊鉤長針一邊增加針目，鉤出 8 段 96 個針目的圓形包底。

2 把線更換成黃色的花式紗線，開始鉤包包側面。參考編織圖的圖樣，鉤出包包的側面 17 段（從包底算起 25 段）。

3 拿黃色花式紗線＋棕褐色毛線兩線來鉤出包包的袋口邊緣（26 段）之後，把線剪斷，用毛線縫針整理線頭。

4 最後鉤繩子。拿黃色花式紗線＋棕褐色毛線兩股線鉤出 150 個鎖針，共 2 條，之後在包包側面第 16 段的左右兩側，將兩條繩子交錯著穿入（將一條繩子依序從上方、下方穿過袋口空隙，穿過一整圈；再依同方式穿另一條，但上下位置需與第一條相反），然後在繩子末端鉤出珠狀球，就完成了。

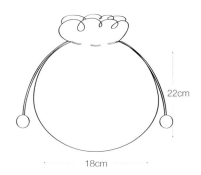

22cm

18cm

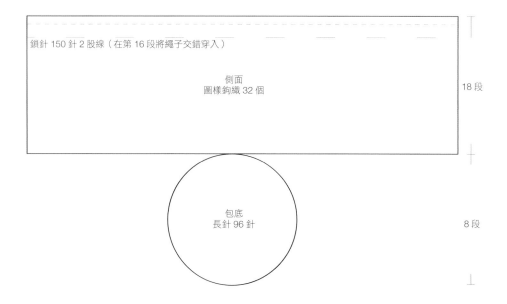

鎖針 150 針 2 股線（在第 16 段將繩子交錯穿入）

側面
圖樣鉤織 32 個

18 段

包底
長針 96 針

8 段

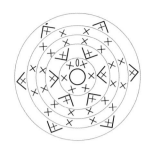

珠狀球 X 2 個

start

繩子 X 2 條

鎖針 150 針

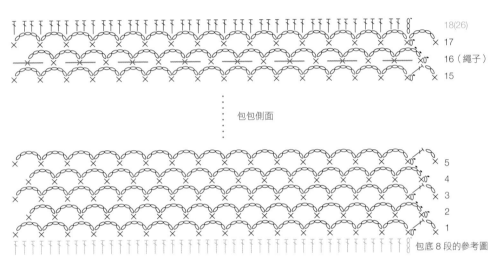

18(26)
17
16（繩子）
15

包包側面

5
4
3
2
1
包底 8 段的參考圖

編織圖

結構	段數	針目數	加針
袋口邊緣	26	96	
側面	9~25	圖樣鉤織	+12
包底	8	96	+12
	7	84	+12
	6	72	+12
	5	60	+12
	4	48	+12
	3	36	+12
	2	24	+12
	1	12	

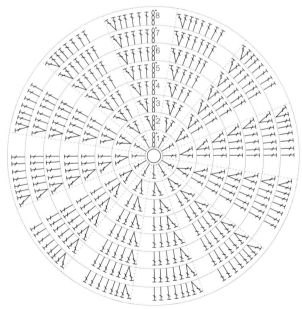

單提把網狀手掛包

P.52

★★

✖ to build
網狀包＋沒有其他附屬配件

成品重量：200g
成品尺寸：參考下方

材料

| 線材 | 包底＋提把 羊毛線（Hera 純毛，黑色 45g）
包包側面 花式紗線（Lovely 花式紗線，藍色 240g）
繩子 羊毛線＋花式紗線（少量） |
| 鉤針 | 6 號鉤針 |
| 其他物品 | 毛線縫針、剪刀 |

使用的鉤織技巧 短針、長針

製作方法

1　拿黑色的毛線鉤 35 個鎖針之後，在第一個針目和最後一個針目加針、並沿著針目鉤長針，參考編織圖，鉤出 4 段 114 針的橢圓形包底。

2　把線更換成藍色的花式紗線，開始鉤包包側面。參考編織圖的圖樣，鉤出包包側面的 29 段（從包底算起 33 段）。接著換成黑色的毛線來鉤袋口邊緣（34 段）之後，把線剪斷，用毛線縫針整理線頭。

3　用黑色的毛線像編織圖那樣鉤出提把，此時，毛線的兩側要預留 30cm 以上的線。把鉤好的提把跟包包側面的第 25 段用捲邊縫連接起來。

4　然後開始鉤繩子。用藍色花式紗線＋黑色毛線兩股線鉤出 150 針的鎖針，鉤出 2 條繩子之後，把繩子從包包側面第 23 段的左右兩側交錯著穿過去一圈，這樣就完成了。

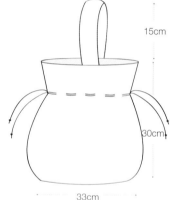

15cm

30cm

33cm

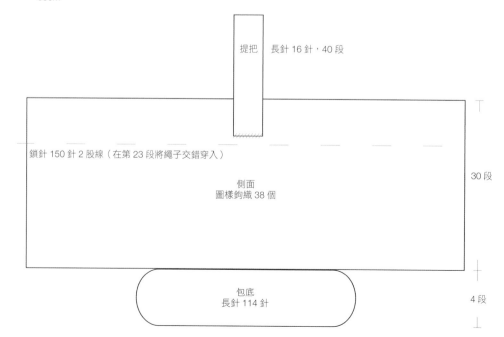

提把　長針 16 針，40 段

鎖針 150 針 2 股線（在第 23 段將繩子交錯穿入）

側面
圖樣鉤織 38 個

30 段

包底
長針 114 針

4 段

編織圖

結構	段數	針目數	加針
袋口邊緣	34	114	
側面	5~33	圖樣鉤織	
包底	4	114	+12
	3	102	+12
	2	90	+12
	1	78	
	起針	35	

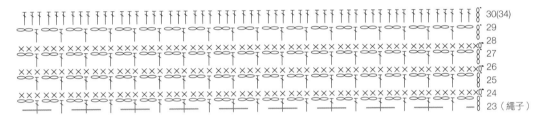

鎖針 150 針

Start

繩子 X 2 條

提把

為了跟包包連接起來，織線的開頭
和尾端都要預留 30cm 以上的線。

包包側面

30(34)
29
28
27
26
25
24
23（繩子）

10
9
8
7
6
5
4
3
2
1

包底 4 段的參考圖

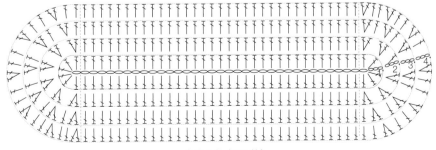

包底 4 段（114 針）

混色網狀水桶包

P.54
★★

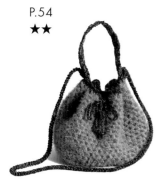

✘ to build
網狀包＋沒有其他附屬配件

成品重量：150g
成品尺寸：參考下方

材料

線材	包底 羊毛線（Hera 純毛，海軍藍 45g） 包包側面 花式紗線（Lovely 花式紗線，薄荷綠 160g） 繩子＋提把＋肩背帶 羊毛線＋花式紗線（少量）
鉤針	6 號鉤針
其他物品	毛線縫針、剪刀

使用的鉤織技巧 長針、蝦編

製作方法

1. 將海軍藍的毛線繞出兩個線圈，然後用輪狀起針開始編織。一邊鉤長針一邊增加針目，鉤出 7 段 108 個針目的正方形包底。
2. 把線更換成薄荷綠的花式紗線，開始鉤包包側面。參考編織圖的圖樣，鉤出包包的側面 18 段（從包底算起 25 段）。
3. 拿薄荷綠花式紗線＋海軍藍毛線兩股線來鉤出包包的袋口邊緣（26 段）。
4. 用 150 個鎖針鉤出一條繩子之後，從包包側面的第 17 段空隙交錯穿過去，繞成一圈，這是用來打蝴蝶結的繩子。
5. 用蝦編鉤織法鉤出肩背帶。並且像編織圖那樣鉤出包包提把，此時，毛線的兩側要預留 30cm 以上的線。
6. 把鉤好的提把跟肩背帶用捲邊縫連接在包包上，這樣就完成了。

POINT

編織包包側面時，要留意調整每一段的引拔針的位置，讓它能維持一直線地朝向包包開口，如此來做最後的收尾。

◆ 蝦編鉤織法請參考 p.181

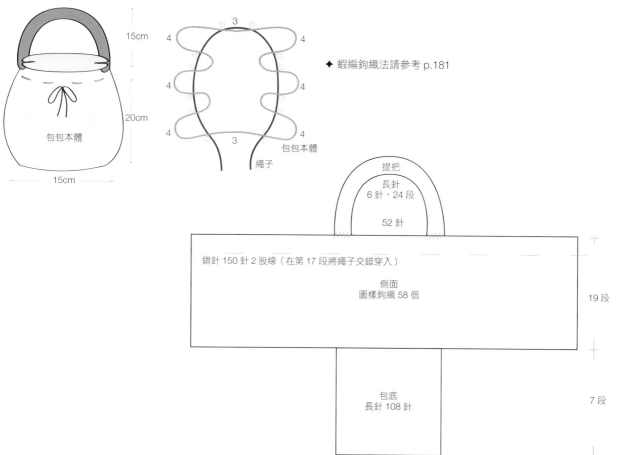

編織圖

結構	段數	針目數	加針
袋口邊緣	26	108	
側面	8~25	圖樣鉤織	
包底	7	108	+16
	6	92	+16
	5	76	+16
	4	60	+16
	3	44	+16
	2	28	+16
	1	12	

Start　　　　　　　　　　　繩子　　　　　鎖針 150 針

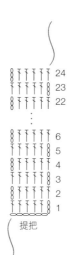

提把

為了把提把跟包包連接起來，要在織線的開頭和
結尾兩側預留 30cm 的線。

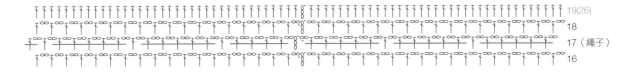

19(26)
18
17（繩子）
16

包包側面

5
4
3
2
1

包包側面 1 段的參考圖

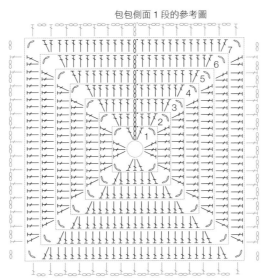

寬口網狀購物袋

P.56
★★

✖ to build
網狀包＋沒有其他附屬配件

成品重量：250g
成品尺寸：參考下方

材料

線材	包底＋提把 羊毛線（Hera 純毛，深棕色 45g）
	包包側面 花式紗線（Lovely 花式紗線，樹莓紅 240g）
鉤針	6 號鉤針
其他物品	毛線縫針、剪刀

使用的鉤織技巧 長針

製作方法

1 用深棕色的毛線鉤出 30 個鎖針之後，在第一個針目和最後一個針目加針、並沿著針目鉤長針，參考編織圖，然後鉤出 4 段 114 個針目的長方形包底。

2 把線換成樹莓紅的花式紗線來鉤包包側面，參考編織圖的圖樣，鉤出 22 段（從包底算起 26 段）。把線剪斷，用毛線縫針整理線頭。

3 像編織圖那樣鉤出 2 個 100 段的提把。為了組裝方便，毛線的兩端都要預留 150cm 的線。

4 把鉤好的的提把用捲邊縫的方式跟包包本體連接起來，就完成了。

20cm

30cm

43cm

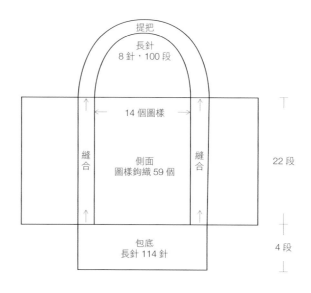

提把
長針
8 針，100 段

14 個圖樣

縫合

側面
圖樣鉤織 59 個

縫合

22 段

包底
長針 114 針

4 段

編織圖

結構	段數	針目數	加針
側面	5~26	圖樣鉤織	
包底	4	114	+16
	3	98	+16
	2	82	+16
	1	66	
	起針	30	

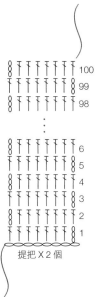

提把 X 2 個

為了跟包包連接起來，要在開頭和末端預留 150cm 的線。

包包側面

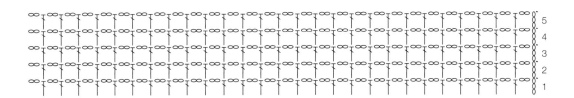

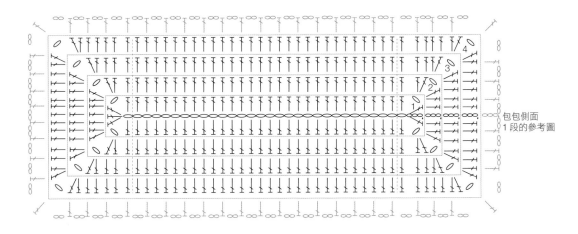

包包側面
1 段的參考圖

骨碌碌轉動的眼球錢包

P.60

★

✖ to build

方形包＋磁釦＋絨球

成品重量：50g
成品尺寸：參考下方

材料

| 線材 | 包包本體 有機棉線（KPC gossyp 粗厚款有機棉，蔚洋藍 50g）
眼球 羊毛線（Hera Wool，黑色和白色各少量） |

| 鉤針 | 包包本體 8 號鉤針　眼球 5 號鉤針 |

| 其他物品 | 毛線縫針、剪刀、縫線、縫針、磁釦、絨球（市售） |

使用的鉤織技巧　長針

製作方法

1　首先鉤出包包本體。用蔚洋藍的棉線鉤出 15 個鎖針之後，沿著鎖針來回鉤 30 個長針。接著沿著這 30 針往上多鉤出 7 段（總共鉤 8 段），然後整理線頭。

2　用黑色毛線和白色毛線像編織圖那樣鉤出眼球之後，整理線頭。

3　拿縫線將眼球在包包的第 4-6 段位置用捲邊縫連接起來。

4　拿縫線在起針的鎖針位置緊密地縫上 3 個絨球。

5　在包包第 8 段的反面用縫線將磁釦縫上去，這樣就完成了。

6　 Lucy's choice 　當這個錢包從大包包裡咻地一下子跑出來的時候，看起來真的超級可愛，所以我就沒有另外再做肩背帶了。

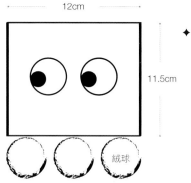

12cm

11.5cm

◆ 磁扣的安裝方法請參考 p.183

絨球

◆ 絨球的安裝方法請參考 p.185

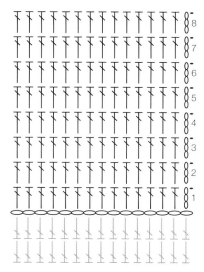

長針 12 針 X 2 個

長針 24 針 X 2 個

編織圖

結構	段數	針目數	加針
包包本體	1~8	30	+15
	起針	15	

112

微笑斜挎包

P.61
★

✖ to build
圓形包＋花形鈕扣＋繩子（包邊鉤織繩）

成品重量：50g
成品尺寸：參考下方

材料

線材	包包本體 有機棉線（KPC gossyp 粗厚款有機棉，蜂窩黃 50g） 包邊鉤織繩 羊毛線（Hera 純毛，咖啡色少量） 刺繡線 羊毛線（Hera 純毛，咖啡色少量）
鉤針	8 號鉤針
其他物品	毛線縫針、剪刀、縫線、縫針、花朵形狀鈕扣、包邊鉤織繩

使用的鉤織技巧 短針、長針

製作方法

1 將蜂窩黃的棉線繞出兩個線圈，然後用輪狀起針開始編織。一邊鉤長針一邊增加針目，如此鉤出 4 段 48 個針目之後，把線剪斷。

2 用同樣的方法再鉤出一片織片，之後把兩片織片的反面面對面對齊，然後在標示紫色星星★～★的範圍之間鉤出 28 個短針①。

3 為了製作開口處和鈕扣的鉤環，把位在前面的那一張織片如編織圖那樣鉤出短針和鎖針②。

4 把包包本體翻過來，用新的線在位於背面的另一張織片的開口處鉤出 20 個短針③之後把線剪斷，接著用毛線縫針整理線頭（5 段）。最後在指定的位置繡上微笑圖案。

5 **Lucy's choice** 我在包包開口的地方裝上花形鈕扣，然後在包包兩側綁上包邊鉤織繩當成肩背帶。一款可以讓大家都看到微笑臉孔的斜挎包就完成囉！

POINT

鉤出兩張圓形的織片後，要把兩片連接起來。

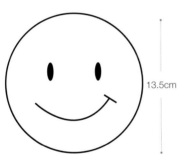
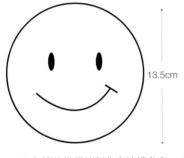

13.5cm

◆ 包邊鉤織繩的製作方法請參考 p.180
鈕釦的安裝方法請參考 p.185

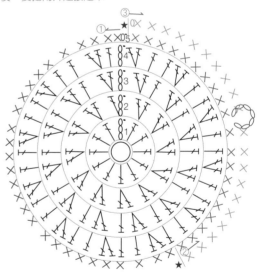

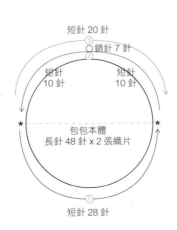

短針 20 針
③
鎖針 7 針
②
短針　　　　　短針
10 針　　　　　10 針
★　　　　　　★
包包本體
長針 48 針 x 2 張織片
①
短針 28 針

編織圖

結構	段數	針目數	加針	織片數
組裝	5（後織片）	20		
	5（前織片）	27	+7	
	連接兩片	28		
包包本體	4	48	+12	×2
	3	36	+12	
	2	24	+12	
	1	12		

蘋果束口袋

P.62
★★

✖ to build
圓形包＋蝴蝶結繩子（雙鎖針）

成品重量：50g
成品尺寸：參考下方

材料

線材	包包本體 羊毛線（Hera 純毛，火焰紅 50g）
	蝴蝶結繩子 羊毛線（Hera 純毛，摩卡棕少量）
鉤針	6 號鉤針
其他物品	毛線縫針、剪刀

使用的鉤織技巧 長針、中長針 3 針玉編（泡泡編）、雙鎖針

製作方法

1　將火焰紅的毛線繞出兩個線圈，然後用輪狀起針開始編織。一邊鉤中長針 3 針玉編（泡泡編）一邊加針目，如此鉤出包底的 4 段。到此步驟時一定要確認鉤出來的泡泡編是不是 24 個。

2　包包側面不要加針，再多鉤出 9 段之後，為了做出能把繩子穿過去的洞，要像編織圖那樣用長針鉤出第 10 段（從包底算起第 14 段），鉤完之後就整理線頭。

3　 Lucy's choice 　我會拿摩卡棕的毛線用雙鎖針鉤織法編出繩子之後，穿越束口袋並拉緊，做出一個蝴蝶結，就成了一個超級可愛又圓滾滾的蘋果。

POINT

小祕訣！為了能把蘋果的樣子做得很渾圓，每一段的引拔針都要鉤在不同的位置。請查看編織圖，要在一前一後的位置反覆進行。如果持續都在同一個位置鉤出引拔針，這樣到後來每段的開頭就會變得鼓鼓的，就不夠好看囉。

◆ 雙鎖針鉤織法請參考 p.180

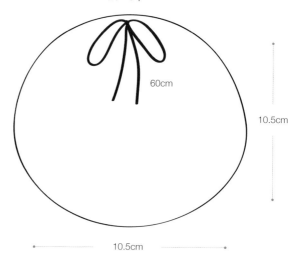

60cm

10.5cm

10.5cm

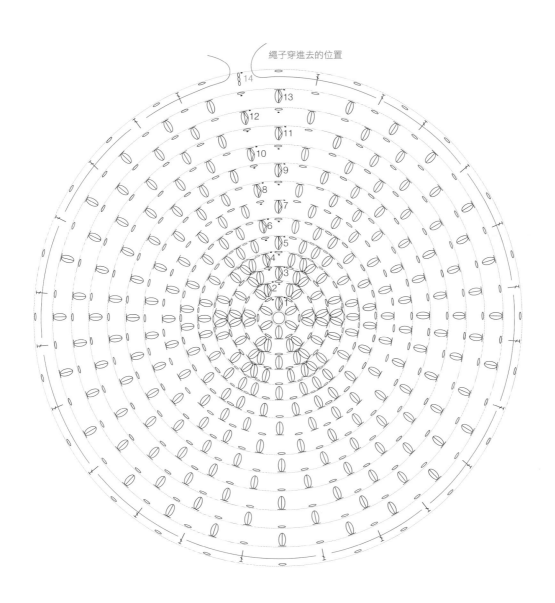

繩子穿進去的位置

編織圖

結構	段數	針目數	加針
蝴蝶結繩子	14	24	
側面	5~13	24	
包底	4	24	+6
	3	18	+6
	2	12	+6
	1	6	

半顆蘋果錢包

P.64

★★

✖ to build
圓形包＋珠釦

成品重量：50g
成品尺寸：參考下方

材料

線材	蘋果外部 有機棉線（KPC gossyp 粗厚款有機棉，火焰紅 50g）
	蘋果內部 有機棉線（KPC gossyp 粗厚款有機棉，象牙白 50g）
	葉子 有機棉線（KPC gossyp 粗厚款有機棉，芹菜綠少量）
	刺繡線 羊毛線（Hera 純毛，摩卡棕少量）
鉤針	8 號鉤針
其他物品	毛線縫針、剪刀、縫線、縫針、珠釦

使用的鉤織技巧 長針、短針、中長針

製作方法

1 將象牙白的棉線繞出兩個線圈，然後用輪狀起針開始編織。一邊鉤長針一邊增加針目，如此鉤出 4 段 48 個針目之後把線剪斷。

2 參考編織圖，用火焰紅的棉線再鉤出一片同樣大小的圓形織片（4 段）。

3 把象牙白織片（前）以及火焰紅織片（後）這兩片的內側面對面，用火焰紅的棉線在標示紫色星星★～★的範圍內鉤出 28 個短針①，把兩片連接起來。

4 為了製作開口處和珠扣的鉤環，把位在前面的那一張織片像編織圖所示鉤出短針和鎖針②。

5 把包包翻過來，用新的線在位於背面的另一張織片的開口處鉤 20 個短針③，之後把線剪斷，接著用毛線縫針整理線頭（5 段）。然後在前後兩面指定的位置把蘋果籽和微笑的圖案繡上去。

6 ▫Lucy's choice▫ 我會把珠扣安裝上去，然後鉤出蘋果葉子後縫上去，這樣就可以點出重點。

POINT

鉤出兩張（一張白色，一張紅色）4 段的圓形織片之後，把兩片連接起來。

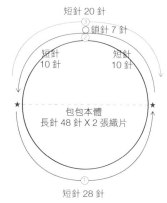

短針 20 針
鎖針 7 針
短針 10 針　短針 10 針
包包本體
長針 48 針 X 2 張織片
短針 28 針

♦ 珠扣的安裝方法請參考 p.185

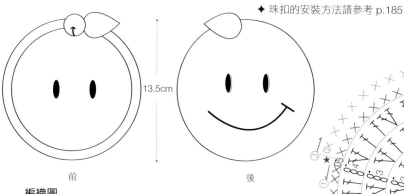

前　　　　　13.5cm　　　　　後

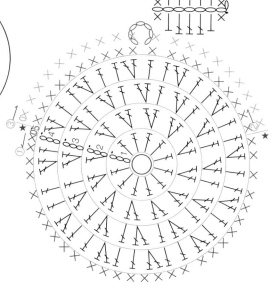

編織圖

結構	段數	針目數	加針	織片數
組裝	5（後織片）	20		
	5（前織片）	27	+7	
	連接兩片	28		
包包本體	4	48	+12	×2
	3	36	+12	
	2	24	+12	
	1	12		

彩虹斜挎包

P.65

✖ to build
半圓形包＋拉鍊＋繩子（包邊鉤織繩）

成品重量：50g
成品尺寸：參考下方

材料

線材	包包本體 有機棉線（KPC gossyp 粗厚款有機棉，彩虹配色 50g） 包邊鉤織繩 羊毛線（Hera 純毛，淺咖啡色少量）
鉤針	8 號鉤針
其他物品	毛線縫針、剪刀、縫線、縫針、固定針、拉鍊、包邊鉤織繩

使用的鉤織技巧 長針

製作方法

1 將紅色系的綿線繞出兩個線圈，然後用輪狀起針開始編織。

2 一邊鉤長針一邊增加針目，如此鉤出 6 段 72 個針目之後，把線剪斷並整理線頭。在編織每一段時都要換成不同顏色的線來鉤，這樣就能完成彩虹配色。

3 把圓形織片對折之後，在曲線的地方用固定針先固定住，然後用縫線把拉鍊安裝上去。

4 Lucy's choice 拿淺咖啡色的毛線製作出一條包邊鉤織繩，然後把繩子綁在包包本體第 5 段的左右兩側末梢，這樣就完成可以斜背的肩背帶了。即使不加肩背帶，單看也會是一款美麗的彩虹手拿包。

9cm

20cm

◆ 包邊鉤織繩的製作方法請參考 p.180
拉鍊的安裝方法請參考 p.183

安裝拉鍊的位置

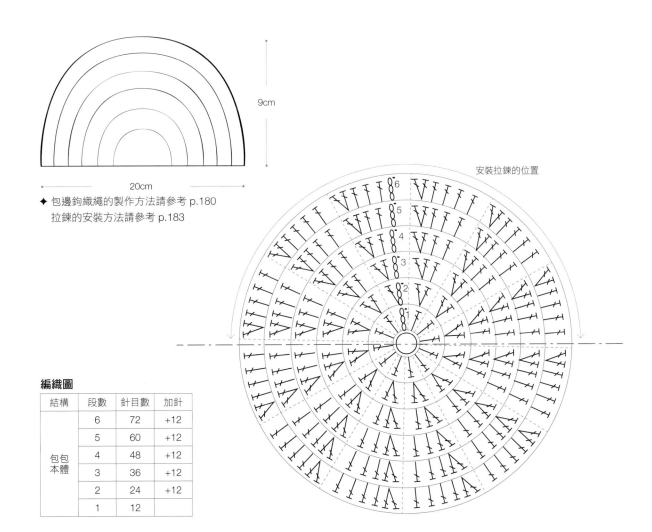

編織圖

結構	段數	針目數	加針
包包 本體	6	72	+12
	5	60	+12
	4	48	+12
	3	36	+12
	2	24	+12
	1	12	

三角形手掛包

P.66

★

✂ to build

三角形包＋拉鍊＋繩子（包邊鉤織繩）＋絨球

成品重量：50g

成品尺寸：參考下方

材料

線材	包包本體 有機棉線（KPC gossyp 粗厚款有機棉，撞球檯綠 50g） 包邊鉤織繩 羊毛線（Hera 純毛，蜜桃粉少量）
鉤針	8 號鉤針
其他物品	毛線縫針、剪刀、縫線、縫針、固定針、拉鍊、絨球（市售）、包邊鉤織繩

使用的鉤織技巧　長針

製作方法

1　用撞球檯綠色的毛線鉤出 20 個鎖針，然後再沿著鎖針針目來回鉤 40 個長針（第 1 段），接著往上再鉤 9 段 40 針之後（共 10 段），整理線頭。

2　把標記紅色星星★★的兩個角面對面，將整個織片拉出三角錐的形狀。接著用固定針把拉鍊固定好之後，拿縫線把拉鍊縫上去，這樣三角形包就完成了。

3　　Lucy's choice　我會做出一條約 60cm 長的包邊鉤織繩，用捲邊縫安裝在包包本體三角錐的頂點那裡，這樣就打造出一條提拿很方便的提把。如果想要更有特色，還可以再加上絨球來凸顯。

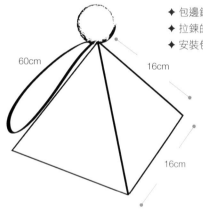

◆ 包邊鉤織繩的製作方法請參考 p.180
◆ 拉鍊的安裝方法請參考 p.183
◆ 安裝包邊鉤織繩以及絨球的方法請參考 p.185

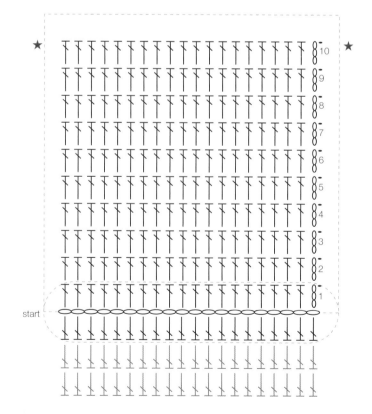

編織圖

結構	段數	針目數	加針
包包本體	1~10	40	+20
	起針	20	

房屋手機袋

P.68
★★

✖ to build
方形包＋繩子（蝦編）

成品重量：70g
成品尺寸：參考下方

材料

線材 包包本體 有機棉線（KPC gossyp 粗厚款有機棉，撞球檯綠和象牙白各 50g）
繩子 羊毛線（Hera 純毛，黑色少量）
窗戶和門的裝飾 不織布和各色繡線少量

鉤針 8 號鉤針

其他物品 毛線縫針、剪刀、縫線、縫針

使用的鉤織技巧 長針、表牽上長針、裡牽上長針、蝦編

製作方法

1 用象牙白的棉線鉤出 15 個鎖針，然後沿著鎖針針目來回鉤 30 個長針（第 1 段），接著往上再鉤出 7 段 30 針（共 8 段）。

2 換成撞球檯綠的棉線鉤出第 9 段之後，用表牽上長針以及裡牽上長針反覆鉤，這樣再鉤出 3 段（完成共 12 段），如此就會出現屋頂的形狀。

3 可以用不織布和繡線製作窗戶和門，然後按照自己想要的方式裝飾上去。

4 **Lucy's choice** 斜背用的繩子要用蝦編鉤織法鉤出 100cm 長，要鉤得緊密厚實一點。然後把繩子縫在屋頂的最後一段（第 12 段）左右兩側就完成囉！

POINT

鉤屋頂的時候，表牽上長針以及裡牽上長針要反覆交替地鉤，然後鉤出類似毛衣袖子的樣子，這就是重點所在！

15cm

11cm

◆ 蝦編鉤織法請參考 p.181

編織圖

結構	段數	針目數	加針
屋頂	9~12	30	
包包本體	1~8	30	+15
	起針	15	

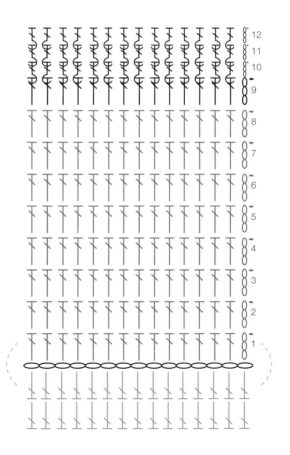

圓點水壺套

P.70

✖ to build
圓筒包＋繩子（蝦編）

成品重量：80g
成品尺寸：參考下方

材料

線材	包包本體 有機棉線（KPC gossyp 粗厚款有機棉，暗夜藍 50g） 圓點 羊毛線（Hera 純毛，薄荷綠少量） 繩子 羊毛線（Hera 純毛，淺咖啡色少量）
鉤針	包包本體 8 號鉤針　圓點 5 號鉤針
其他物品	毛線縫針、剪刀

使用的鉤織技巧　長針、蝦編

製作方法

1 　將暗夜藍的棉線繞出兩個線圈，然後用輪狀起針開始編織。一邊鉤長針一邊增加針目，如此鉤出 2 段 26 個針目的包底。注意，要在不是針目的頭的空洞裡面鉤下一段針目。接著用同樣的方式再鉤出 13 段的包包側面（共 15 段）。

2 　拿薄荷綠的毛線鉤出 1 段的圓形織片（做為圓點），總共鉤出 12 個。之後在包包側面上的第 3-4 段、第 7.5-8.5 段，以及第 10-11 段位置，用捲邊縫每隔 4-5 個針目就縫上一個圓點。

3 　 Lucy's choice 　我拿淺咖啡色毛線用蝦編鉤出 100cm 長的繩子之後，在包包最後一段的第 6-7 針之間把繩子穿進去、第 13-14 針之間穿出來、第 19-20 針之間穿進去、第 26 針 - 引拔針之間穿出來，然後把繩子的頭尾兩端用捲邊縫連接起來。

POINT

在不是針目的頭的空洞裡面鉤的時候，注意每一段引拔針的位置都要不一樣。請查看編織圖，以一前一後的方式反覆進行。如果持續在同一個位置鉤出引拔針，到後來每一段的開頭位置就會形成鼓鼓的斜線，會不好看。

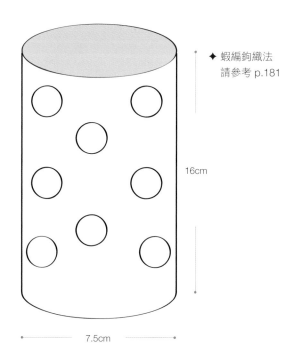

◆ 蝦編鉤織法
請參考 p.181

16cm

7.5cm

結構	段數	針目數	加針
側面	3~15	26	
包底	2	26	+13
	1	13	

圖點 ×12 個
長針 12 針

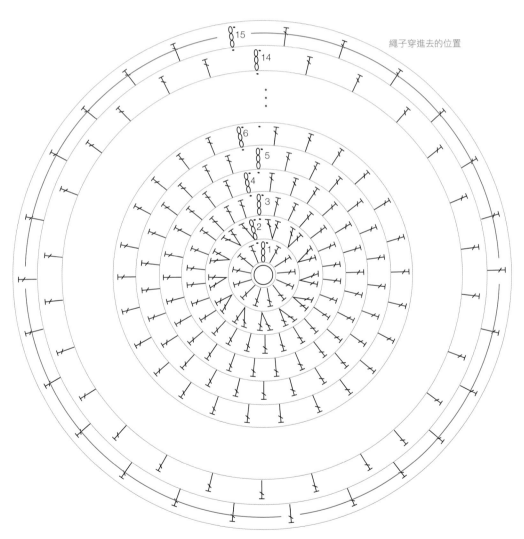

繩子穿進去的位置

Basic lesson

鉤織包的基本課

在這裡會告訴大家要準備哪些用具和材料，
還有這本書中會使用到的基本鉤織技巧。
最常被大家使用的鉤織法就是短針以及長針，
我大致上把這些技巧的運用法分成 5-6 種介紹給各位，
仔細區分並熟習之後，就可以應用在鉤織包包上了。
引拔針、未完成針目、換線、整理線頭等等小訣竅也別錯過喔！

手作鉤織包要準備的工具

基本道具

大鉤針 這是粗細在 7mm 以上的巨型鉤針，在鉤類似布線等粗細的線時會用到。

毛線專用鉤針 這是一般最常用到的鉤針，針的號數越大，針就越粗。

毛線縫針 這種針在整理線團時，或在連接包包提把、背帶時會使用到。

縫線和縫針 在將成品做結尾的時候，或接上口金彈簧片、拉鍊、扣子、絨球以及其他附屬配件的時候會用到。

編織用待針（固定針） 在連接織片的時候，可以拿編織用待針做標記或假縫。

剪刀 剪線材的時候會用到。

段數計環 可以掛在編織針目上，用來標示段數以及針數。

水消筆（又稱氣消筆） 在筆跡上灑水或過了一段時間後，筆跡就會消失。可以用來標示位置，或在圖樣上做記號時使用。

量尺 在測量作品的長度時使用。

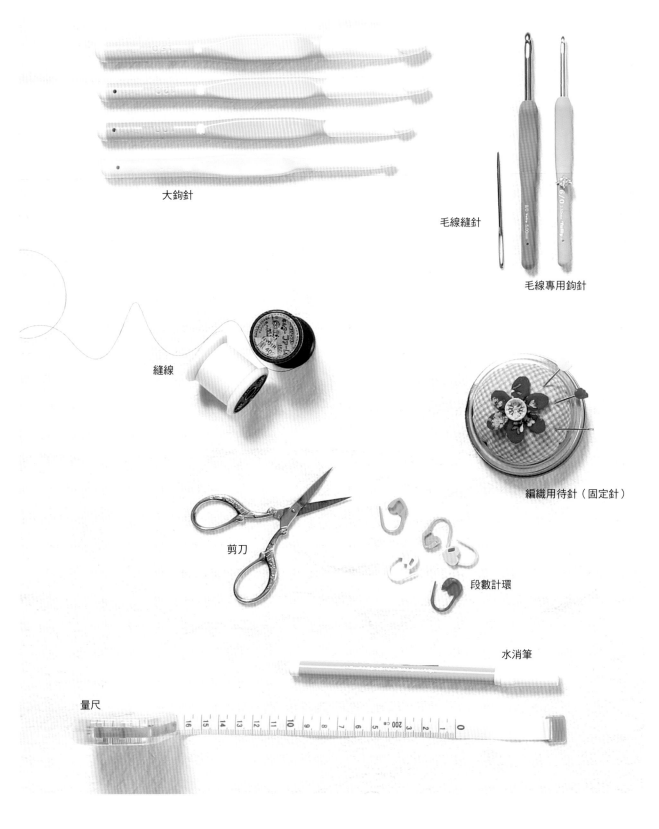

大鉤針

毛線縫針

毛線專用鉤針

縫線

編織用待針（固定針）

剪刀

段數計環

水消筆

量尺

附屬配件

提把 有木質、壓克力等各種材質的提把。可分成圓形、三角形、橢圓形等各種形狀。

毛線捲線機 這是用來做包邊鉤織繩的機器。用手操作就可以很輕易地做出繩子，每台機器的使用方式都稍有不同。

鉤環 在做編織提把或肩背帶之類的包包附屬品時會用到。掛迷你包吊飾的時候，會用到鑰匙圈鉤環。

D 型環 裝在包包兩端，可以用來掛鉤環。

口金彈簧片 可以裝在包包的開口處。多半使用於正方形或正三角形的包款。

拉鍊 可以裝在包包的開口處。並沒有限定要用於長形的包，也可以選擇用在橢圓形或圓形的包包上。

鈕扣・珠扣・按扣・磁釦 以裝飾為主的扣子，可以應用在各種不同的地方。

補丁縫片等裝飾小物 有多種款式的設計，可以用來裝飾包包。

繩子 可以應用在包包提把上。如果想要製作海洋風的包款，就很適合用繩子做成提把。

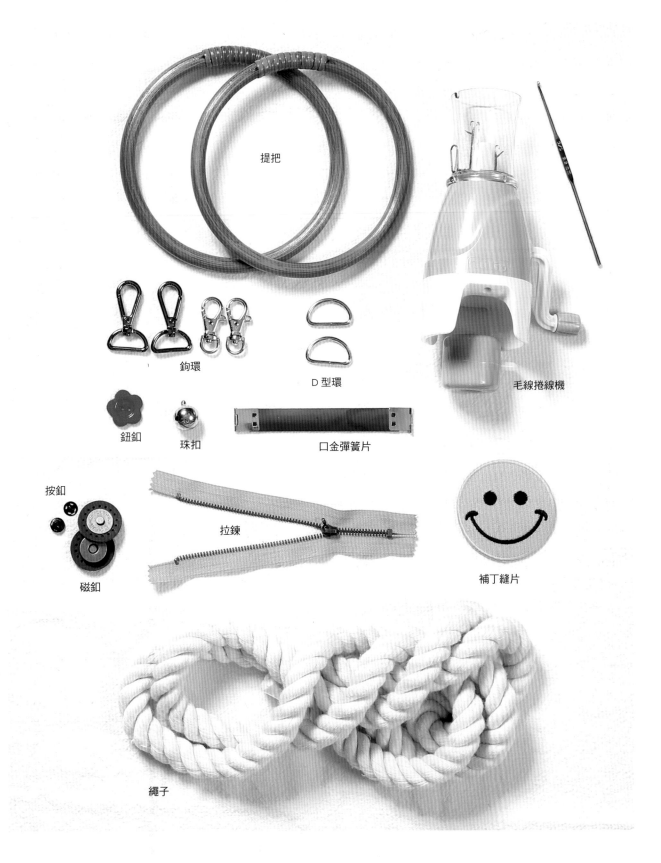

提把

鉤環

D型環

毛線捲線機

鈕釦

珠扣

口金彈簧片

按釦

磁釦

拉鍊

補丁縫片

繩子

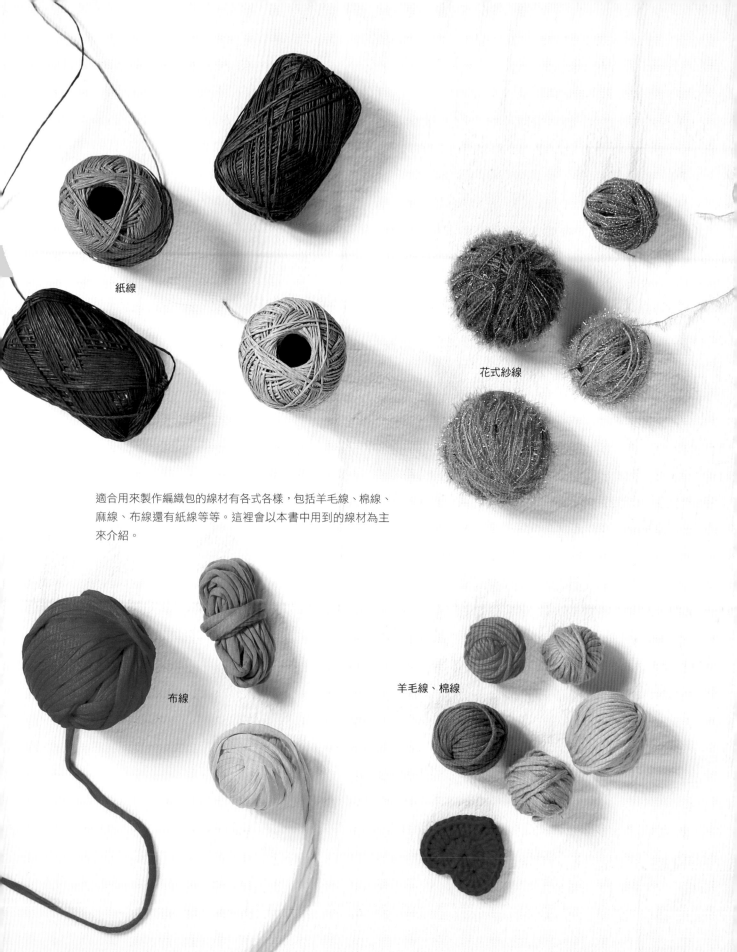

紙線

花式紗線

適合用來製作編織包的線材有各式各樣，包括羊毛線、棉線、
麻線、布線還有紙線等等。這裡會以本書中用到的線材為主
來介紹。

布線

羊毛線、棉線

手作鉤織包要用到的線材

紙線 材質輕巧，適合用來鉤織成每天都會用到的包包。線材的顏色通常都很清爽，所以特別適合做成夏季用的包款。用短針技巧簡單俐落地鉤出來的包包，真的相當漂亮。我在本書中主要使用的線材品牌是 MIDORI Twist。

布線 這是一種把碎布裁切之後製成的線材。質地牢固，可以快速地做出很耐用的編織品，不過缺點就是多多少少還是有點重。可以用來做成提籃、小包包、手拿包、提把，或者做成包包底部也很不錯。我在本書中主要使用的線材品牌是 Wool And The Gang 的 Jersey Be Good。

花式紗線 這種紗線又被稱為「洗碗布線」。像水晶一樣亮晶晶的材質可以成為包包的亮點，而且價格相對便宜，用起來一點負擔都沒有。非常適合用來鉤針目結構比較稀疏的包包或網狀包，也非常推薦用這款紗線來展現包包獨特的質感。我在本書中主要使用的線材品牌是 Lovely 花式紗線。

羊毛線 ‧ 棉線（有機棉線） 普遍來說這是最廣泛被使用的編織線材。羊毛線材很輕，而且操控上很容易。至於有機棉線，尤其推薦用來製作給孩子的包包。我在本書中主要使用的線材品牌是 Hera Wool 毛線、Hera 純毛，以及 KPC Gossyp 粗厚款有機棉線。

鉤針編織的基本技巧

★ 拿針以及掛線的方法

①

右手抓線頭，把線夾在左手無名指以及小指之間。

②

把線由後往前鉤到左手食指上，然後用中指和大拇指捏住線頭那端。

③

右手用大拇指和食指拿著鉤針，並以中指做輔助，針頭朝下。

★ 鎖針

①

左手掛線預備好後，把鉤針貼著線往前繞一圈。

②

用大拇指和中指捏住交叉點。

③

用鉤針的針背像按壓一樣推線，針頭鉤住線，然後按箭頭標示的方向，從線圈中間拉出來。

④

拉一下線頭把線圈拉緊。這一個線圈不列入鎖針的針目數來計算。

⑤

讓鉤針針頭鉤住線，然後從線圈中間拉出來，鉤出 1 個鎖針。

⑥

這是鉤出 6 個鎖針的樣子。

POINT 常見用語解釋

針目的頭：針目上方呈現 V 字形的兩條線的名稱。

半目、裡山：半目與裡山是組成針目的線的名稱。根據不同需求，有時候只要穿入半目去鉤線（例如編出起針後鉤針目），有時須同時穿過半目與裡山（例如編引拔針）。

立針：開始編織每一段之前要立起的針目，根據不同鉤織法有不同針目數。短針的立針是鎖針 1 針，長針的立針是鎖針 3 針。

基本針法 1：6 種短針鉤織法

★ 以輪狀起針開頭的短針

將線掛在左手食指上，然後在中指
上繞兩圈，準備開始進行輪狀起針。

把鉤針穿過中指上的線圈裡，鉤針
鉤住線後，朝箭頭標示的方向把線
往外拉出來。

接著鉤出 1 個鎖針用來當成鉤短針
的立針。

將鉤針插入線圈中間，鉤住線之後，
朝箭頭標示的方向拉出來。

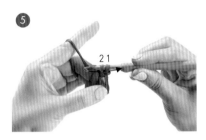

拉出來後，鉤針上的線圈有 2 個，
再一次用鉤針鉤住線，然後從 2 個
線圈中間拉出來。

這是鉤出 1 個短針的樣子。

重複步驟 ❹-❻ 的動作，總共鉤出 6
個短針。

拉拉看線頭，環的兩條線之中會有
一條被拉動。把這條線朝被拉動的
方向拉，另一條線就會消失不見。

把剩下的這條線朝箭頭標示的方向
拉，讓圓形編緊縮起來。

這是圓形編縮緊之後的樣子。接著
朝箭頭標示的方向準備用引拔針做
收尾。

將鉤針插入第一個短針針目的頭
中，鉤住線之後朝箭頭標示的方向
一次拉出來。

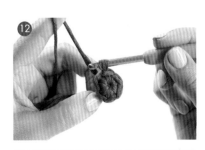

這是用短針的輪狀起針鉤織完成的
樣子。

★ 以鎖針起針鉤短針 ⨯⨯⨯⨯⨯⨯⨯⨯⨯◯

先鉤出 10 個鎖針。

將鉤針穿過第 2 個鎖針針目的半目裡，鉤住線之後朝箭頭標示的方向把線拉出來。

這時候鉤針上的線圈有 2 個。把鉤針再一次鉤住線，然後從 2 個線圈中間拉出來。

這是完成 1 個短針的樣子。

重複步驟 ❷-❸ 之後，這是鉤出 9 個短針的樣子。

POINT

鉤出第一段長度後，再鉤 1 個鎖針當立針，即可以翻面鉤第二段，依序將鉤針插入每一個針目的頭裡鉤出短針。依照同方法持續進行，就能鉤出更大的織片。

★ 2 短針加針 ∨∨

在 1 個短針針目裡鉤出 2 個短針，
用來增加針目，稱為「2短針加針」。

先鉤出 1 個短針。

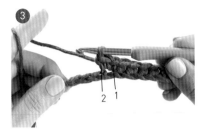

在同一個針目裡再鉤出 1 個短針。

這是完成 2 短針加針的樣子（增加
1 個短針的狀態）。

★ 2 短針併針 ∧∧

在 2 個短針針目裡鉤出 1 個未完成
針目，用來縮減針目，稱為「2 短針
併針」。

把鉤針插入針目中鉤住線，然後往
箭頭標示的方向拉出來。

再把鉤針插入下一個針目中鉤住
線，然後往箭頭標示的方向拉出來。

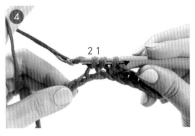

再用鉤針鉤住線，往箭頭標示的方
向一次拉出來，兩針就合併了。

這是完成 2 短針併針的樣子（減少
1 個短針的狀態）。

★ 短針畝編 ╳

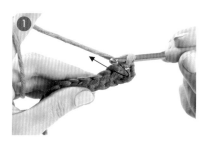

按照箭頭的標示，把鉤針插入前段
短針的半目裡。

然後鉤出 1 個短針。

重複相同步驟之後，這是完成半目
短針畝編的樣子。

★ 逆短針 ╳

換成小一號的鉤針來開始。

先鉤出 1 個鎖針來當成短針的立針。
確認好右邊針目的位置。

把鉤針插入右邊針目的頭裡，然後
鉤著線按箭頭標示的方向拉出來。

拉出後，鉤針上會有 2 個線圈。再
次用鉤針鉤住線，然後從 2 個線圈
中間拉出來。

重複步驟 ❸-❹ 之後，這是完成逆
短針的樣子。

基本針法 2：5 種長針鉤織法

★ **以輪狀起針開頭的長針**

將線掛在左手食指上，然後在中指上繞兩圈，準備開始進行輪狀起針。

把鉤針穿過中指上的線圈裡，鉤針鉤住線後，朝箭頭標示的方向把線往外拉出來。

接著鉤出 3 個鎖針，用來當成鉤長針的立針。

用鉤針鉤住線之後，插入線圈中間。

再用鉤針鉤住線之後，朝箭頭標示的方向拉出來。

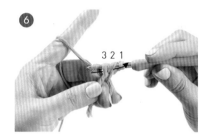

拉出來後，鉤針上的線圈有 3 個，再一次用鉤針鉤住線，然後從前 2 個線圈中間拉出來。

再一次用鉤針鉤住線，然後從剩餘的 2 個線圈中間拉出來。

這是包含立針在內、完成 2 個長針的樣子。

重複步驟 ❹-❼ 之後，完成 12 個長針（包含立針共有 12 個針目）。

拉拉看線頭，環的兩條線之中會有一條被拉動。把這條線朝被拉動的方向拉，另一條線就會消失不見。

把剩下的這條線朝箭頭標示的方向拉，讓圓形編緊縮起來。

接續下一頁 ⋯⋯▶

像照片那樣把鉤針插入箭頭標示的位置，準備用引拔針做收尾。

把鉤針插入針目的頭之後鉤住線，然後一次往外拉出來。

這是用長針的輪狀起針鉤織完成的樣子。

★ 以鎖針起針鉤長針 ↑↑↑↑↑↑↑↑↑

先鉤出 10 個鎖針。

用鉤針鉤住線後，按箭頭標示的方向，插入第 5 個鎖針的半目裡。

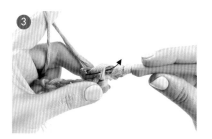

鉤針鉤住線，然後從箭頭標示的方向拉出來。

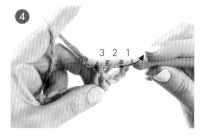

拉出來後，鉤針上的線圈有 3 個。再次用鉤針鉤住線，然後從前 2 個線圈中間拉出來。

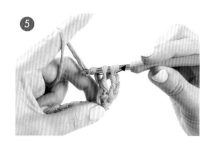

然後再次用鉤針鉤住線，從剩餘的 2 個線圈中間拉出來。

這是包含立針在內、完成 2 個長針的樣子。用鉤針插入下一個鎖針的半目裡，然後重複步驟 ❸-❺。

包含立針在內、完成 7 個長針。

POINT

鉤出第一段長度後，再鉤 3 個鎖針當立針，即可以翻面鉤第二段，依序將鉤針插入每一個針目的頭裡鉤出長針。依照同方法持續進行，就能鉤出更大的織片。

★ 2 長針加針 ∇

在 1 個長針針目裡鉤出 2 個長針，用來增加針目，稱為「2 長針加針」。

先鉤出 1 個長針。

在同一個針目裡再鉤出 1 個長針。

這是完成 2 長針加針的樣子（增加 1 個長針的狀態）。

★ 表牽上長針 ∫

用鉤針鉤住線後，按照箭頭標示，從前段的長針的針腳處插入鉤針。

這是從前方插入鉤針的樣子。

用鉤針鉤住線，然後按照箭頭標示的方向把線拉出來。

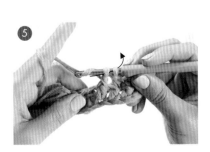

再用鉤針鉤住線，然後從鉤針上的前 2 個線圈中間拉出來。

再次用鉤針鉤住線，然後從 2 個線圈中間一次拉出來。

❻ 這是完成 1 個表牽上長針的樣子。
❼ 這是完成 3 個表牽上長針的樣子。

★ 裡牽上長針 ⚲

用鉤針鉤住線，然後按照箭頭標示的方向，從前段的長針的針腳處由後往前插入鉤針。

這是從後方插入鉤針的樣子。

用鉤針鉤住線，然後按照箭頭標示的方向把線拉出來。

再用鉤針鉤住線，然後從鉤針上的前 2 個線圈中間拉出來。

再次用鉤針鉤住線，然後從 2 個線圈中間一次拉出來。

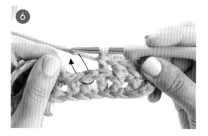

這是完成 1 個裡牽上長針的樣子。

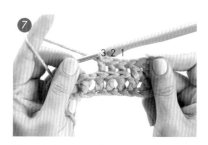

這是完成 3 個裡牽上長針的樣子。

★ 中長針 3 針玉編（泡泡編）

像照片那樣用鉤針鉤住線，然後把鉤針插入前段的第一個針目裡。

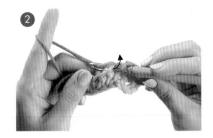

接著用鉤針鉤住線，從針目的中間拉出來。

未完成的中長針 3 針

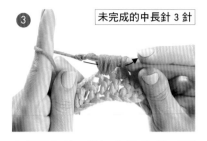

在相同的針目裡把步驟 ❶-❷ 反覆做兩次，然後用鉤針鉤住線一次往外拉出來。

再次用鉤針鉤住線，然後往箭頭標示的方向拉出來。

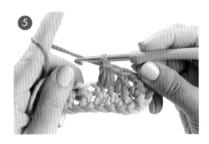

完成 1 個中長針 3 針玉編。

完成 3 個中長針 3 針玉編的樣子。

POINT

這是能做出圓鼓鼓的可愛鉤織品的針法。在鉤織的時候，如果按照針目的高度（鎖針 2 針左右的高度）來增加針數，就可以鉤得蓬鬆又漂亮。

2 種連接織片的方法

★ 用短針來連接

鉤織出 2 個織片。

把 2 個織片的背面,面對面地對齊擺好。

先鉤出 1 個鎖針來當成短針的立針。

把鉤針插入第一個針目的頭裡,用鉤針鉤住線之後往外拉出來。

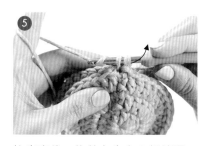

拉出來後,鉤針上會有 2 個線圈。再用鉤針鉤住線,然後從 2 個線圈中間拉出來。

這是完成 1 個短針的樣子。

在接下來的針目中反覆步驟 ❹-❺,也就是每一個針目鉤一個短針。

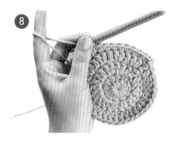

這是用短針連接織片的樣子。

這是攤開後從正面看的樣子。

POINT
像這樣善用短針來連接織片,就能簡單快速又乾淨俐落地將織片連接起來。

★ 用毛線縫針來連接

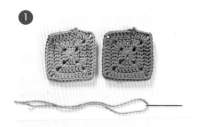

① 鉤織出 2 個織片。

② 把毛線縫針插入 2 個織片的針目的頭裡。

③ 然後再一次將毛線縫針插入同一個針目裡來縫合（固定用）。

④ 接著再把毛線縫針插入下一個針目的頭裡。

⑤ 這是完成一次縫合的樣子。

⑥ 這是用相同的方式連續縫合 5 次的樣子（請反覆以同一側入針到對面出針）。

⑦ 這是用縫合方式連接織片的樣子。

POINT

用毛線縫針縫合來連接的方式，並不只限於用來連接織片，在連接 D 型環、提把等配件時也相當方便好用。請把附屬配件跟想要連接的織片的那一面接在一起，然後一個針目縫一次，這樣就可以連接起來了。

小訣竅！3 種引拔針作法

★ 雙重鎖針引拔針 ⟨⟨⟨⟨⟨⟨⟩

① 第二個針目

先鉤出幾針鎖針。

鎖針半目

②

把鉤針插入第 2 個鎖針的半目中。

③

用鉤針鉤住線，然後按箭頭標示的方向，從 2 個線圈中往外拉出來。

④

這是做出 1 個引拔針的樣子。

⑤

這是做出 4 個引拔針的樣子。

POINT

引拔針會隨著手法、用途的不同，而有各種插入鉤針的對應位置。針目的頭、裡山和半目，還有鎖針半目，請大家要牢記這些名稱有哪些不同之處喔！

★ 從短針鉤出的引拔針

①

以輪狀起針鉤出 6 個短針。然後將鉤針按箭頭標示插入針目的頭。

針目的頭

②

把鉤針穿過針目的頭後，鉤住線然後往箭頭標示的方向拉出來到底。

③

這是從短針鉤出引拔針的樣子。

★ 從長針的立針鉤出的引拔針

①

以輪狀起針鉤出 12 個長針。然後將鉤針按箭頭標示插入裡山和半目。

裡山和半目

②
①
②

將鉤針穿過裡山和半目，然後按照箭頭標示①用鉤針鉤住線，接著按照箭頭標示②往外拉出來到底。

③

這是從長針的立針鉤出引拔針的樣子。

144

小訣竅！區分未完成針目與完成針目

★ 短針 ✕

未完成的針目

完成的針目

編出數個完成針目的樣子

★ 中長針 ⊤

未完成的針目

完成的針目

編出數個完成針目的樣子

★ 長針 ⊤

未完成的針目

完成的針目

編出數個完成針目的樣子

POINT

鉤出「完成針目」之前的針目就被稱為「未完成針目」，也就是在編織針目的最後一個步驟之前的狀態。未完成針目通常是在使用鉤織法時、合併針目時、或更換配色線的時候會用到。本書當中最常使用的鉤織法有 3 種。請一定要熟記未完成針目和完成針目的概念。

小訣竅！3 種換線的方法

★ 穿引新線的換線法（基本技巧）

 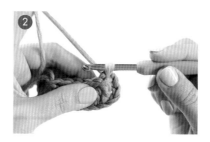 

把鉤針鉤住新線，穿過針目之後拉出來。

這是把新線穿引過去之後的樣子。

這是換線鉤織之後的樣子。

★ 短針鉤織換線法（千鳥紋配色時使用）

先鉤出 1 個未完成的短針，接著鉤住一條新線之後拉出來。

這是把新線穿引過去之後的樣子。

這是換線鉤織之後的樣子。

★ 長針鉤織換線法（格紋配色時使用）

先鉤出 1 個未完成的長針，接著鉤住一條新線之後拉出來。

這是把新線穿引過去之後的樣子。

這是換線鉤織之後的樣子。

POINT

這是在鉤織包包時必須使用到的 3 種換線方法。尤其在做圖樣配色的時候一定會使用到，所以請各位牢記在心喔！

小訣竅！2 種整理線頭的方法

★ 從線頭末端整理

把線穿入毛線縫針之後，將毛線縫針插入織片的背面的針目中。

往回穿過一針之後，把線藏起來。

接著把毛線縫針拉出來。

最後用剪刀把剩餘線頭剪掉即可。

★ 從中心點來整理

把線穿入毛線縫針之後，將毛線縫針插入織片的背面的針目中。

往回穿過一針之後，把線藏起來。

最後用剪刀把剩餘線頭剪掉即可。

POINT

請從織片的背面順著針目插入毛線縫針。在使用毛線縫針來整理線頭的時候，最好配合紋路的縱向或橫向規則來進行。如果建立起專屬的規則，這樣不論何時修正，都會是一件輕而易舉的事情。

Point lesson

鉤織包的重點課

在這個單元裡會學到「鉤織包底部」的概念與要點，
這會左右包包整體呈現出來的形狀，所以特別提出來解說。
還會介紹運用在簡約型包款當中的 4 種提把，以及圖樣包款中的 4 種圖樣，
這些都是大家可以用得長長久久的款式，裡面沒有任何哪一樣是不重要的。
請大家仔細地、清楚地熟練這些技巧喔！

認識基本包底型態

4 種基本包底（圓形 · 橢圓形 · 正方形 · 長方形）

圓形、橢圓形、正方形以及長方形，這 4 種是鉤織包底部的基本形狀。
選擇包包底部的樣子，就是決定包款設計的第一個步驟，所以非常重
要。如果選擇圓形包底來開始製作，最後就會變成圓形包款；如果選
擇橢圓形的包底來開始製作，當然最後就會做出一款橢圓形的包包。
即使是用同一種技巧來鉤織包包的本體，但是包包的整體感覺會隨著
包底型態而有所不同。實際在鉤織的時候，可以參考各種作品的模樣。
這裡會告訴各位使用不同技巧來鉤織出的不同包底特色，以及在製作
時該牢記的重點，動手前請多加確認。

4 種用短針鉤織出的包底款式

短針鉤織法是最適合用來製作包包底部的方法。
雖然會比較花時間，但是這種鉤織法能讓結構比較緊密紮實，可以做出結實又堅固的包底。
短針也特別適合用來鉤織簡約型包款。

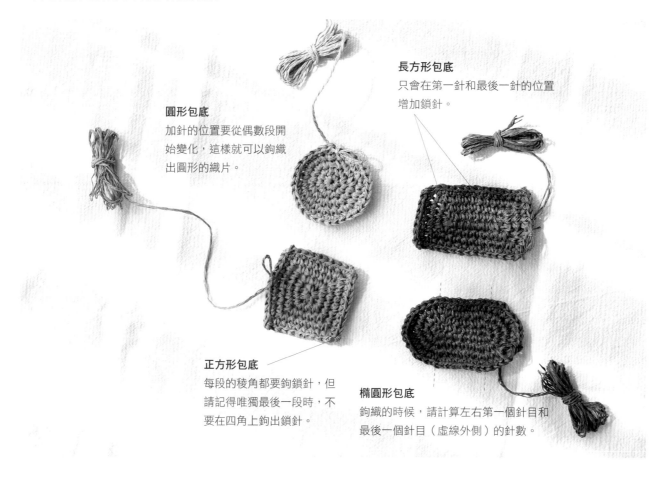

圓形包底
加針的位置要從偶數段開
始變化，這樣就可以鉤織
出圓形的織片。

長方形包底
只會在第一針和最後一針的位置
增加鎖針。

正方形包底
每段的稜角都要鉤鎖針，但
請記得唯獨最後一段時，不
要在四角上鉤出鎖針。

橢圓形包底
鉤織的時候，請計算左右第一個針目和
最後一個針目（虛線外側）的針數。

4 種用長針鉤織出的包底款式

跟短針鉤織相比，長針鉤織的優點就是鉤起來相對地簡單又快速。

不過跟短針比起來，結構沒那麼結實，所以比較適合用來鉤類似網狀包那種垂墜型線條的包款。

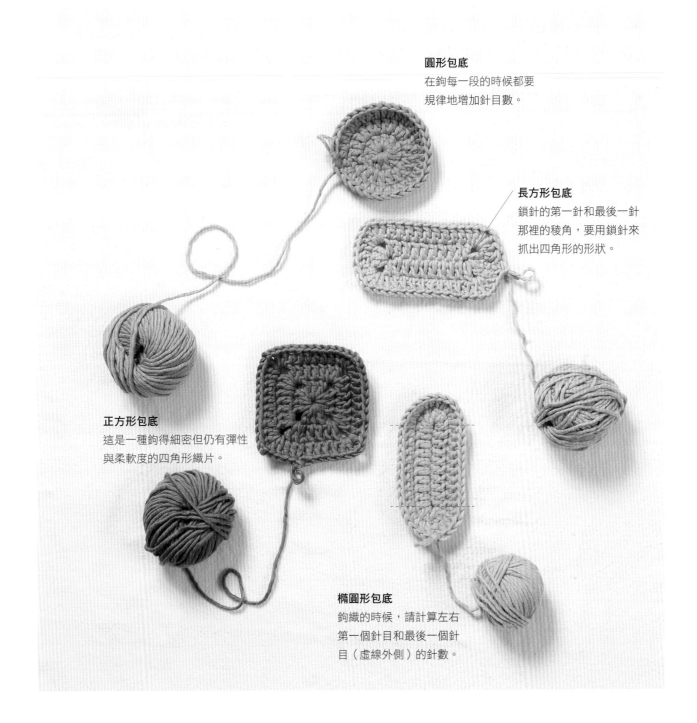

圓形包底

在鉤每一段的時候都要
規律地增加針目數。

長方形包底

鎖針的第一針和最後一針
那裡的稜角，要用鎖針來
抓出四角形的形狀。

正方形包底

這是一種鉤得細密但仍有彈性
與柔軟度的四角形織片。

橢圓形包底

鉤織的時候，請計算左右
第一個針目和最後一個針
目（虛線外側）的針數。

4 種簡約型包款的提把鉤織法

與包包本體連貫鉤到底 or 另外鉤織之後連接上去

鉤織包的提把作法大致有 2 種,一種是加上新的線,然後連著包包本體直接連貫鉤下去,另一種則是另外鉤好之後再跟包包連接起來。當然背帶或是一些附屬配件等物品也可以取代手提把,不過,在包包提把上加上活動性佳的背帶,這樣的組合性更高。那麼我們就從在簡約型包款中出現過的 4 種提把鉤織法開始學起吧!大家可以多多熟悉各種類型的提把製作方式,然後應用在自己想要的包包上。

手提書袋的提把★★☆
提把是另外鉤出來,然後再跟包包連接起來的。
因為有兩層,所以提起來的手感很好。

大容量公事包的提把★★☆
鉤出包包的提把之後,
就會出現最基本的樣式。
可以用鎖針來製作提把中間的空洞。

百搭耐用包的提把★★★
這款提把是跟著本體一起鉤,
然後從上到下用引拔針鉤織出來的。
堅固厚實,提把的紋路也很漂亮。

日常水桶包的提把★★★
這款提把是在鉤出包包本體之後,
加上新的線,
然後從內側和外側鉤出來的。

★ 日常水桶包的提把鉤織法

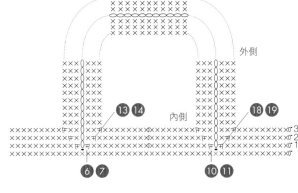

先鉤出包底和側面，然後為了能繼續鉤出包包的提把，先不要把線剪斷，這樣才能輕鬆地進行。

[提把的起針] 從包包側面的第 13 個針目開始接上新的線。

鉤出 46 個鎖針之後，從第 23 個針目中把線拉出來。這時候要注意不要把針目扯歪。

為了能鉤出另一邊的提把，要在第 25 個針目那裡接上新的線，接著鉤出 46 個鎖針之後，在第 23 個針目鉤出 1 個引拔針，就可以把線剪斷。

[提把的內側] 用新的線從提把內側的中心（第 12 個針目），鉤出 1 個鎖針當成立針，然後開始鉤短針。

沿著包體邊緣開始鉤短針，一直鉤到要把提把的線抽出來的前一個針目為止。

在步驟 ❻ 標示的紅點 •• 那裡鉤出 2 短針併針。把線穿過短針的頭跟鎖針針目，鉤住線之後，一次往外拉出來。

這是完成 2 短針併針之後的樣子。

穿過鎖針內側的半目，持續鉤短針。

沿著鎖針內側一直鉤短針，直到第2個鎖針。

在步驟 ⑩ 標示紅點的稜角鉤 2 短針併針。

連接短針之後，從第一段第一針的頭鉤引拔針。（到此步驟為止，鉤好提把內側的第一段）

用同樣的方法一直鉤到第一段併針的前一針為止，從稜角開始鉤 2 短針併針。這時候要跳過第一個針目，然後鉤 2 短針併針。

這是完成 2 短針併針之後的樣子。重複同樣方法，繼續鉤出提把內側的第二段與第三段。

記得提把內側的每一個稜角都有 2 短針併針。這是在提把內側鉤出 3 段短針後的樣子。

另一邊提把的內側也要按照步驟 ❺-⓮ 的方法鉤出來。

[提把的外側] 把剛剛閒置在側面的線用短針鉤出提把的外側。

一直鉤短針，鉤到提把起針的前一個針目為止，接著穿過鎖針外側的半目和裡山，鉤 2 短針併針。

這是完成 2 短針併針後的樣子。

穿過鎖針外側的半目和裡山，持續鉤短針。

這是提把外側完成 3 段短針的樣子。

[收尾] 為了從包包中心點開始整理線頭，將包包翻過來，把線穿進毛線縫針，然後把針插入針目中。

往回穿過一針之後，把線藏起來。

用剪刀把剩餘的線頭剪掉。

按照同樣方式，整理其餘的所有線頭。把線穿進毛線縫針，然後把針插入針目中。

往回穿過一針之後，把線藏起來。

接著把毛線縫針抽出來。

用剪刀把剩餘的線頭剪掉。

完成。

★ 手提書袋的提把鉤織法

①

把包底和側面都鉤出來之後，把線剪掉。

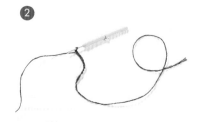

②

[提把的製作] 為了組裝提把，要在線的一端預留 20cm 左右的線，然後鉤出 12 個鎖針。

③

在第一個針目做出 1 個引拔針，做成圓形的樣子。

④

回到鎖針，然後鉤 12 個短針。接下來以一段 12 針的原則，持續鉤出 50 段。

⑤

短針鉤出 50 段之後，留下 20cm 的線，然後把其餘的線剪斷。接著用同樣的方法再做出一個提把。

⑥

從包包的左側開始算 14 針，從右側開始算 14 針，然後在這兩個地方鉤上段數計環來標示出提把的位置。

⑦

[包包本體的左邊] 將提把對折後，用 6 個捲邊縫將提把跟包包本體連接起來。

⑧

這是連接起來的樣子。

⑨

[包包本體的右邊] 將提把對折後，用 6 個捲邊縫將提把跟包包本體連接起來。

⑩ 這是連接起來的樣子。

⑪ 用同樣的方法將另一側的提把也連接在包包上。

⑫ ［收尾］把線穿入毛線縫針之後，將毛線縫針插入針目中來整理線頭。

⑬ 往回穿過一針之後，把線藏起來。

⑭ 最後用剪刀把剩餘線頭剪掉即可。

⑮ 完成。

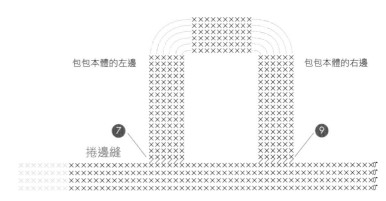

※ 捲邊縫是反覆以同一側入針到對面方向出針的針法。

★ 百搭耐用包的提把鉤織法

① 先鉤出包底和側面。為了能繼續鉤出提把，不要把線剪斷，放著待用。

② [提把的起針] 在包包側面的第 10 個針目的位置連接新的線。

③ 鉤出 30 個鎖針之後，在第 20 個針目那裡把線拉出來。這時候要注意不要把鎖針的針目扯歪。

④ 為了能再鉤出另一個提把，要把新的線穿入第 30 個針目中，然後用同樣的方法再鉤 30 個鎖針，接著在第 20 個針目那裡鉤 1 個引拔針，之後把線剪掉。

⑤ [提把的外側] 拿起在包包側面放著待用的線，鉤出鎖針做為立針之後，開始鉤短針。

⑥ 這是提把外側鉤完 4 段短針之後的樣子。

⑦ 接下來按照箭頭標示的方向，在提把外側最上段第一個針目的地方鉤引拔針。

⑧ 這是鉤完一段引拔針的樣子。

⑨ 鉤完一段引拔針之後，在紅點標示的位置（下方段的短針的頭）開始鉤下一段的引拔針。

POINT

包包本體要用短針一直鉤到最後，然後拿待用的線像圖示那樣鉤出提把外側的 4 段織片（50 段），接著從上往下鉤出引拔針。然後再拿一段新的線，用短針將提把的內側也鉤出來，這樣就完成了。

這是鉤出引拔針的樣子。

用同樣的方法鉤完4段引拔針之後，把線剪斷。

[提把的內側] 用新的線在提把內側中間（第10個針目），鉤出鎖針做為立針，然後開始鉤短針。

鉤到提把的起針，也就是鎖針那邊，把針插入半目和裡山，然後繼續鉤短針。鉤到內側中間之後，以引拔針結尾，就把線剪斷。

[收尾] 把線穿入毛線縫針之後，將毛線縫針插入針目中來整理線頭。

往回穿過一針之後，把線藏起來，然後把剩餘線頭剪掉。

完成。

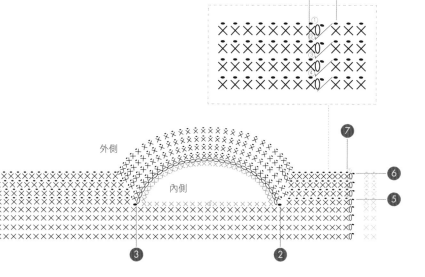

★ 大容量公事包的提把鉤織法

先鉤出包底和側面。為了能繼續鉤出提把，不要把線剪斷，放著待用。

[提把的起針] 在包包側面的第 17 個針目的位置連接新的線。

鉤出 25 個鎖針之後，在第 17 個針目那裡把線拉出來。這時候要注意不要把鎖針的針目扯歪。

為了再鉤出對面的提把，要把新的線穿入第 33 個針目中，然後鉤 25 個鎖針，接著在第 17 個針目那裡鉤 1 個引拔針，之後把線剪掉。

[提把的外側] 拿起在包包側面放著待用的線，鉤出鎖針做為立針之後，開始鉤短針。

鉤到提把的起針，也就是鎖針那裡，穿過半目持續鉤短針。

這是提把外側鉤完5段之後的樣子。

[**提把的內側**] 用新的線在提把內側中間鉤出鎖針做為立針，然後開始鉤短針。鉤到提把的起針時，穿過鎖針的半目和裡山，繼續鉤短針。最後以引拔針結尾，把線剪斷。

另一邊的提把內側也用同樣的方法鉤短針。

[**收尾**] 把線穿入毛線縫針之後，將毛線縫針插入針目中來整理線頭。

往回穿過一針之後，把毛線縫針抽出來，然後把剩餘線頭剪掉。

完成。

隨著每個人手部施力的不同，提把可能會扭曲變形。
在鉤鎖針的時候，如果提把變得有點扭曲，
請在加入新線的位置適當地調整，盡量弄得平均一點。

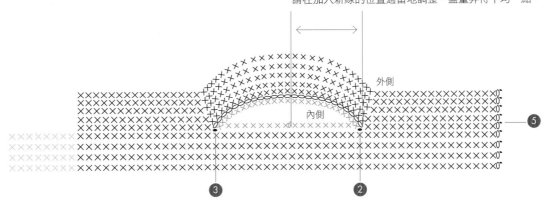

4 種經典圖樣鉤織法

透過配色來鉤織出花紋

應用在圖樣包款上的 4 種圖案有圓點、條紋、格紋、千鳥紋。格紋和千鳥紋都是屬於格狀圖樣的種類，即使歲月流逝，這些圖案依舊是歷久不衰、廣受歡迎的經典款式。現在就來學學看這些圖案的鉤織法吧！為了能鉤出各式各樣的圖案，大家必須好好瞭解各種配色圖樣鉤織法以及更換配色線的方法。此外，每個鉤織法的未完成針目也都非常重要。不論是在完成鉤織法或在換線的時候，未完成針目都會很常出現，所以請大家參考照片說明，仔細地進行每個步驟。

鉤織圖案的時候，運用不同針法會產生不同的效果。長針圖樣鉤織法可以簡單又快速地鉤出圖案，短針圖樣鉤織法則能把鉤織品製作得很堅固，如果要做出鮮豔的花紋，我使用的是短針畝編圖樣鉤織法。這裡所謂的「圖樣鉤織法」，指的是「使用某一種技法來製作出圖案花紋」的意思。原則上來說，如果是沒有內袋小包的包款，就要一邊把線包住一邊鉤，如果是附有內袋小包的包款，就不用把線包起來鉤喔！

格紋　　　　　千鳥紋

圓點　　　　　條紋

★ 圓點圖樣鉤織法　[短針配色圖樣鉤織法]
圓點圖案是用白色的線和海軍藍的線交織鉤出來的。

××××××××× ×0ˇ	××××××××× 13
××××××××× ×0ˇ	××××××××× 12
××××××××× ×0ˇ	××××××××× 11
××××××××× ×0ˇ	××××××××× 10
××××××××× ×0ˇ	××××××××× 9
××××××××× ×0ˇ	××××××××× 8
××××××××× ×0ˇ	××××××××× 7
××××××××× ×0ˇ	××××××××× 6
××××××××× ×0ˇ	××××××××× 5
××××××××× ×0ˇ	××××××××× 4
××××××××× ×0ˇ	××××××××× 3
××××××××× ×0ˇ	××××××××× 2
××××××××× ×0ˇ	××××××××× 1

❶ 從包包側面第三段的最後一針那裡鉤出 1 個未完成短針。

❷ [鉤一條新的線] 用鉤針鉤住一條新的線（白色的線）。

從照片中的箭頭方向①拉出鉤針，然後把鉤針插入箭頭方向②的短針針目的頭，這樣就可以做出 1 個用白線鉤成的引拔針。

這是鉤出引拔針的樣子。

接著用白線鉤出 1 個鎖針做為立針，這是第四段的起針。然後開始鉤短針，這時候要連同藍色的線也一起鉤進去。

[換配色線] 為了換回海軍藍的線，要在前一段的第一針的頭那裡鉤出未完成短針，然後按照箭頭標示的方向把後面藍色的線鉤出來。

這是換線之後的樣子。

接著開始鉤短針，這時候要連同白線也一起鉤進來。

[換配色線] 鉤出 6 個短針之後，要鉤出 1 個未完成短針來換線，然後鉤住白線並拉出來。

要鉤最後一針時，從前一針那裡更換配色線，然後鉤出短針。接著按照箭頭標示的方向準備鉤引拔針。

將鉤針插入針目的頭之後，鉤出 1 個引拔針。

參照編織圖，依序鉤出圓點配色。

這是兩種線輪流包住對方一起鉤織出來的樣子。

圓點圖樣包款完成的樣子。

★ 條紋圖樣鉤織法　[短針配色圖樣鉤織法]
這是一種讓白色的線和海軍藍的線輪流待命，然後再鉤進來的鉤織法。

```
××××××××××××××××××××××× ×0˜ 13
××××××××××××××××××××××× ×0˜ 12
××××××××××××××××××××××× ×0˜ 11
××××××××××××××××××××××× ×0˜ 10
××××××××××××××××××××××× ×0˜ 9
××××××××××××××××××××××× ×0˜ 8
××××××××××××××××××××××× ×0˜ 7
××××××××××××××××××××××× ×0˜ 6
××××××××××××××××××××××× ×0˜ 5
××××××××××××××××××××××× ×0˜ 4
××××××××××××××××××××××× ×0˜ 3
××××××××××××××××××××××× ×0˜ 2
××××××××××××××××××××××× ×0˜ 1
```

在包包側面第五段的最後鉤出 1 個
未完成短針。然後就先讓藍色的線
擱置待用。

[鉤一條新的線] 用鉤針鉤住一條新
的線（白色的線），然後按照箭頭
標示的方向拉出來。

接著在針目的頭那裡鉤 1 個短針。

這是鉤出短針之後的樣子。

鉤出立針之後，開始沿著上一段的
藍線鉤短針。

用白線鉤出 5 段短針之後，最後一
個要鉤未完成短針。

把待用的藍色的線拉上來。

[**換配色線**] 鉤住藍色的線,然後按照箭頭標示的方向拉出來,這樣就可以換線了。

這是換線之後的樣子。

在短針針目的頭那裡做出 1 個引拔針來當成立針,然後鉤 1 個短針。

接著持續用這種方式來交錯鉤織白線和藍線,一邊參照編織圖,依序鉤出條紋配色。

這是兩種線交錯鉤織的樣子。

條紋圖樣包款完成的樣子。

★ 格紋圖樣鉤織法　[長針配色圖樣鉤織法]

這個圖樣會用到 3 種顏色的線，隨著顏色的選擇，會變化出不同的感覺。

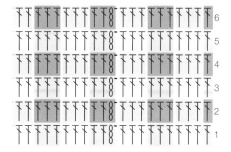

在包包側面第一段用白線鉤 1 個長針當成立針（等同於鎖針 3 針），然後再鉤 1 個長針。

鉤 1 個未完成長針來準備換線。

[鉤一條新的線] 用鉤針鉤住一條新的線（檸檬黃的線），然後按照箭頭標示的方向拉出來。

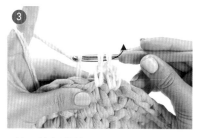

這是換線之後的樣子。到此為止完成了長針 3 針。

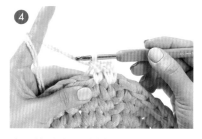

再用檸檬黃的線鉤 2 個長針。

接著鉤出 1 個未完成長針來換線。

[換配色線] 按照箭頭標示的方向把白線拉出來，完成了長針 3 針。

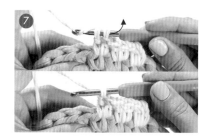

反覆同樣方式，交替鉤出白線長針 3 針、檸檬黃線長針 3 針。照片是完成第一段格紋圖樣的樣子。

為了鉤第二段，要把鉤針插入立針的裡山和半目之間，然後鉤 1 個引拔針。

這是鉤出引拔針之後的樣子

用鎖針3針當成長針的立針，接著在前一段的第一針和下一針之間鉤1個長針，然後鉤1個未完成長針。

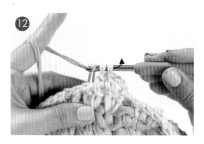

[鉤一條新的線] 用鉤針鉤住一條新的線（亮黃色的線），然後從2個線圈之間抽出來。

這是換線之後的樣子。

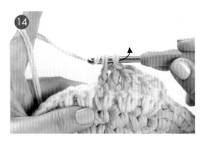

接著鉤2個長針、1個未完成長針，並用同樣的方法換線（檸檬黃的線），如此鉤出配色花紋。

反覆鉤織與換線，鉤出第二段格紋圖樣。

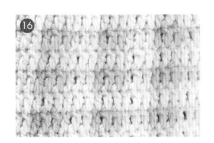

參照編織圖鉤出格紋的3種配色。

格紋圖樣包款完成的樣子。

★ 千鳥紋圖樣鉤織法　[短針畝編配色圖樣鉤織法]
利用短針畝編鉤織法，就能鉤出色調鮮明美麗的圖樣。

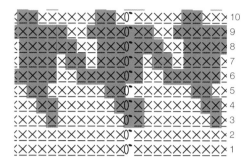

在包包側面第一段先鉤 1 針鎖針做為立針，來為短針畝編做準備，接下來每一個針目鉤 2 個短針畝編。

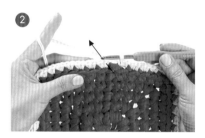

鉤完第一段之後，從短針針目的頭鉤出 1 個引拔針。

這是鉤出引拔針之後的樣子。

把鉤針插入前一段的第一個針目的半目中，鉤出 1 個短針畝編，接下來在每一個針目的半目中鉤短針畝編。最後鉤引拔針來完成第二段。

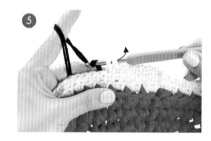

[鉤一條新的線] 先鉤出 6 個短針畝編，然後鉤出 1 個未完成短針，再鉤住一條新的線（黑線），按照箭頭標示的方向把黑線拉出來。

[換配色線] 接著用黑線鉤出 1 個未完成短針，然後鉤住白線，按照箭頭標示的方向往外拉出來，這樣就換好線了。

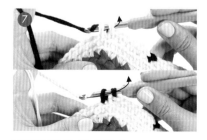

重複步驟 **⑤**-**⑥** 的動作。

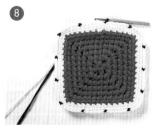

用同樣的方法持續換線來鉤織出第三段。

第三段要收尾時，把鉤針插入針目的頭，然後鉤 1 個引拔針。

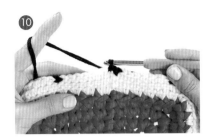

這是鉤出引拔針之後的樣子。

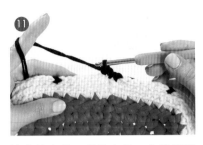

接著鉤出第四段的立針，之後就開始鉤短針畝編。

[**換配色線**] 在前一段的第一個針目的半目裡，鉤出 1 個未完成短針，然後鉤住白線並拉出來。

這是換線之後的樣子。

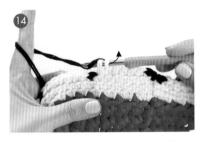

[**換配色線**] 鉤出 5 個短針畝編之後，鉤出 1 個未完成短針，接著鉤住黑線之後拉出來。

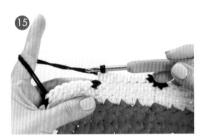

這是換線之後的樣子。

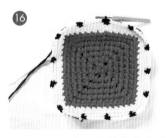

依照同樣方法，持續換線之後鉤出第四段。

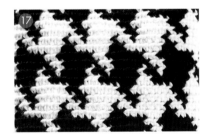

參照編織圖鉤出千鳥紋的配色。

千鳥紋圖樣包款完成的樣子。

Finish lesson

鉤織包的收尾課

在露 C 包的裝飾元素中，肩背帶以及編織提把是很重要的一環，
我會在這一個單元中把製作方法告訴大家。
也會說明將木質提把、拉鍊、口金彈簧片等附屬配件加裝上去的方法。
在這個單元中學到的內容，大家都可以自由地搭配組合，
試著動手做出專屬於自己的「打造包」吧！

打造專屬包不可少的附屬配件

編織提把 這是利用結繩技巧來手工製作的提把。用布線來編織的話，可以做得相當牢固緊實，是很堅固又有力的提把。

肩背帶 這類背帶是用鉤針鉤出來的。可以單肩背，也可以斜背，如此一來雙手就自由啦！因為是鉤織而成的，所以質感會比編織提把稍微再柔軟一些。

迷你包吊飾 這類的裝飾品超級適合用來呈現鉤織包的個人特色。大家可以試著做個跟大包的本體一模一樣的迷你包來當成吊飾。鉤出迷你包之後掛在鑰匙圈上，然後再把它掛上包包，就完成啦！像這樣的包包在這世上可是獨一無二的呢！

蝴蝶結 想要為包包增添可愛的感覺時，就很適合鉤這類裝飾品。這款蝴蝶結既不會太過可愛，也不會太幼稚，簡簡單單的款式完全恰到好處。用按扣一壓就可以接在包包上了。

其他各種裝飾品 除了上述提到的物品之外，還有其他無數種的附加裝飾。像是絨球、流蘇、補丁縫片、吊飾，或自己親手製作的小物等，只要是自己喜歡的裝飾品都可以加上去。

肩背帶

蝴蝶結

補丁縫片等
各種裝飾

迷你包吊飾

編織提把

如何製作編織提把 · 肩背帶

使用 D 型環來連接在包包上

編織提把和肩背帶是露 C 包非常重要的特點。編織提把是手工編出來的，而肩背帶則是用鉤針鉤出來之後，再用 D 型環跟包包連接起來。雖然兩種款式的長度都可以按照自己的需求來調整，但是我比較建議編織提把的長度為 35cm 和 50cm，肩背帶的長度則建議為 70cm、80cm 以及 90cm。

編織提把和肩背帶能為包包增添功能，然而，光是配色配得好，它們本身就能成為絕佳的裝飾。請大家要考量包底和包包側面等整體平衡來搭配顏色喔！簡約型包款就要選擇不雜亂的無彩色調或米白色調，而圖樣包款則比較推薦使用輕快又華麗的顏色。若在肩背帶上再加點裝飾，來呈現出專屬於自己的感覺，也是相當不錯。

80cm 肩背帶

70cm 肩背帶

50cm 編織提把

90cm 肩背帶

35cm 編織提把

★ 把 D 型環跟包包本體連接的方法

把鉤針穿過 D 型環,然後鉤住線(跟包包本體同樣的線)之後拉出來。

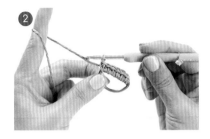

沿著 D 型環鉤出 6 個短針。

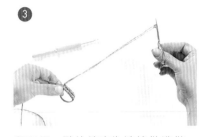

留下長一點的線來為連接做準備,然後把線剪斷。

用同樣的方法做出 2 組。

用水消筆在包包的左右兩邊中心點做出連接點的標示。

把 D 型環緊貼著標示點,然後把鉤針插入從包包本體上面算來的第四段針目中。

用 D 型環剩下的線在每一個針目中做一個捲邊縫,如此跟包包連接。

最後用毛線縫針把線頭整理好就完成了。接著就可以把編織提把或肩背帶掛在 D 型環上。

POINT
捲邊縫是在連接物件時常用的縫法,會反覆以同側入針到對向出針。

★ 編織提把的作法　〔完成的長度 35cm / 50cm〕

1

準備 2 個鉤環以及 6.5m 長的線（示範用的是布線）來製作編織提把。

2

把線穿過一個鉤環，將線大略分成兩等分長。

3

把線頭穿過另一個鉤環。

4

線中間的鉤環和第二個鉤環之間的距離，要按照自己想要的提把長度來抓出距離（35cm 或 50cm）。

5

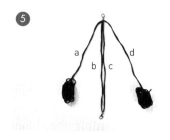

為了能編出提把，請像照片那樣排放。a 和 d 是編織線，b 和 c 則是基礎線。

6

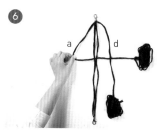

把 a 線彎出數字 4 的樣子。橫跨過 b 線和 c 線，然後放在 d 線的下面。

7

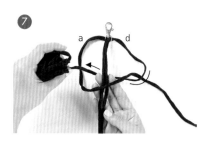

把 d 線從 b 線和 c 線的後面橫跨過去，然後從 a 線和 b 線形成的圈圈中往外拉出來。

8

小心地把外面兩側的 a 線和 d 線逐漸拉緊。

9

把環結拉到最緊。現在這個狀態稱為「半結」。

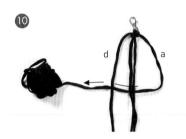

10

這一次要從反面來進行。把換過位子的 a 線橫跨過 b 線和 c 線上面，然後從 d 線底下穿出來。

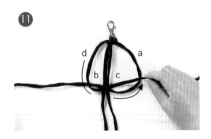

11

把 d 線橫跨過 b 線和 c 線的後方，然後從 c 線和 a 線形成的圈圈中往外拉出來。

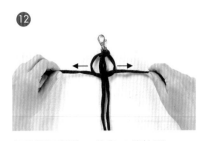

12

把外面兩側的 a 線和 d 線拉緊。

13

把環結拉到最緊。現在這個狀態稱為「平結」（是正反面各做一次半結的樣子）。

14

重複步驟 ❻-❸ 的動作，然後一直編到自己想要的長度為止（35cm 或 50cm）。

15

如果已經編到另一個鉤環了，就用毛線縫針整理剩餘的線。

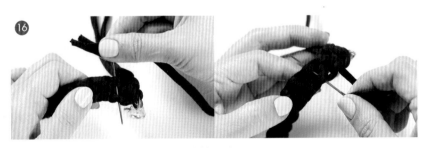

16

按照編織出來的紋路插入毛線縫針來整理線頭。

17

編織提把完成。接著就可以把兩端的鉤環接在包包本體的 D 型環上。

★ 肩背帶的作法 〔完成的長度 70cm / 80cm / 90cm〕

① 把鉤針穿過鉤環中，鉤住線之後拉出來。

② 沿著鉤環鉤出一段短針。

③ 請參考照片與編織圖鉤出肩背帶。

④ 如果已經鉤到自己想要的長度，就接上另一個鉤環，然後再沿著鉤環鉤出短針。

⑤ 把線剪斷，用毛線縫針整理線頭。

⑥ 肩背帶完成。接著就可以把兩端的鉤環接在包包本體的 D 型環上。

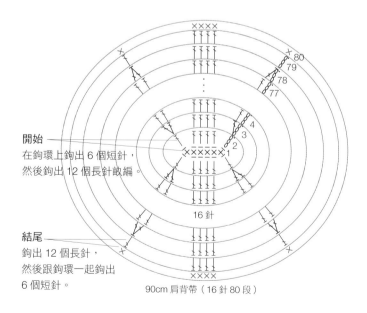

開始
在鉤環上鉤出 6 個短針，
然後鉤出 12 個長針畝編。

結尾
鉤出 12 個長針，
然後跟鉤環一起鉤出
6 個短針。

16 針

90cm 肩背帶（16 針 80 段）

製作方法
1 為了鉤出肩背帶，在鉤環上鉤出短針之後，再用長針畝編反鉤回去。這時候針目就會增加為兩倍。
2 像照片那樣以圓圈形的方式將肩背帶用長針鉤出自己想要的長度，然後用短針把鉤環跟織片鉤在一起。把線剪斷，用毛線縫針整理好線頭之後，將肩背帶跟包包本體的 D 型環連接起來。

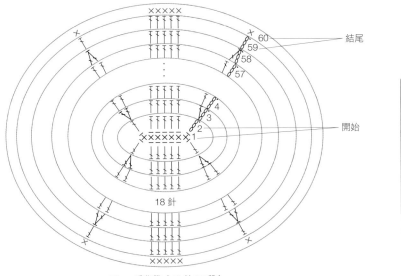

結尾

開始

18 針

70cm 肩背帶（18 針 60 段）

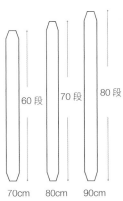

60 段　70 段　80 段

70cm　80cm　90cm

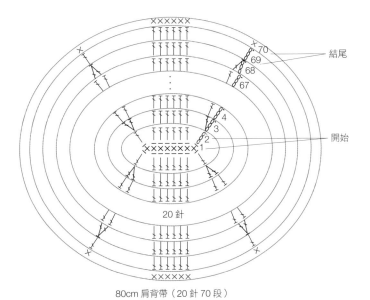

結尾

開始

20 針

80cm 肩背帶（20 針 70 段）

如何製作繩帶

★ 雙鎖針鉤織法

先用鎖針鉤出自己想要的長度。

然後在每一個針目中鉤 1 個引拔針就完成了。

★ 包邊鉤織繩的製作法

把線穿過毛線捲線機,慢慢地轉動捲線機的把手,然後把包邊鉤織繩做出想要的長度。

留下充分的線,再用毛線縫針把繩子跟包包本體連接起來。把繩子輕輕地綁在包體的兩側也很不錯。

POINT

每一台毛線捲線機的使用方法都會不太一樣,因此請參考使用說明手冊去操作。有這個機器真的會很方便,所以我建議可以購買一台。

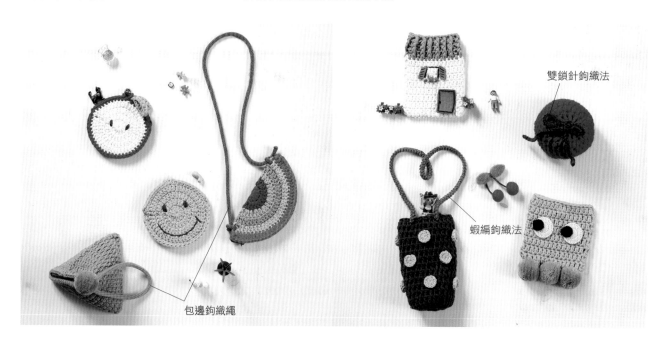

雙鎖針鉤織法

蝦編鉤織法

包邊鉤織繩

★ 蝦編鈎織法

鈎出 2 個雙鎖針之後，準備從箭頭標示的方向鈎出 1 個短針。

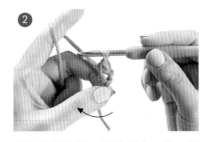

把鈎針插入第一個針目中，鈎 1 個短針之後，往左邊的方向轉。

將鈎針按照箭頭標示的方向插入，然後鈎短針。

鈎出短針之後，再往左邊的方向轉。

再一次將鈎針按照箭頭標示的方向插入，然後鈎短針。

鈎出短針之後，再往左邊的方向轉。

這是反覆一遍步驟 ❹-❺ 之後鈎出來的樣子。

依照同樣方法，鈎至想要的長度就完成了。

POINT

因為鈎出來的結看起來像隻蝦子，所以這個鈎法被稱為「蝦編鈎織法」。由於每鈎一針就會將織物朝同一方向旋轉，而且使用的是短針，所以能做出結構非常堅固的繩子。此外，雖然這個方法感覺好像比較複雜，但是實際去鈎的時候，就會鈎出非常可愛又漂亮的作品。

如何安裝附屬配件

★ 安裝木質提把

把鉤針插入木質提把中間,然後把線鉤出來。

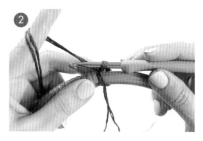

把線鉤出來之後的樣子。

沿著木質提把鉤出 30 個短針。此時要把短針鉤得緊密一些。

用同樣的方法再做出另一組。記得左右兩端都要保留足夠的線。

用水消筆在要接上木質提把的包包位置上做標示。

接下來要用毛線縫針規律地在每一個針目中鉤 1 個捲邊縫,把提把跟包包連接起來。

這是鉤完一次捲邊縫的樣子(跟織片連接的時候要接得漂亮一點)。

在提把的右邊做出 12 個捲邊縫之後,左邊也用同樣的方法做出 12 個捲邊縫。

中心剩餘的 6 個針目則分成左右各 3 個針目,分別拿兩端的線用捲邊縫跟包包連接起來。

從裡側將剩餘的線牢牢綁緊,整理好線頭之後就完成了。

將兩側提把都連接起來,完成。

★ 安裝口金彈簧片

① 把包包本體、口金彈簧片、毛線縫針和線準備好。

② 把口金彈簧片放進包包口,把它包起來。

③ 把包包本體的第 24 段針目,跟為了包住口金彈簧片而鉤出的 6 段織片的針目用毛線縫針連接起來。每一個針目縫一針。

④ 這是縫 3 針之後連接起來的樣子。

⑤ 包包口連接完成後,把線繞一圈,做出一個捲邊縫來整理線頭。

⑥ 完成。

★ 安裝拉鍊

① 把拉鍊緊貼著包包口內側,用大頭針固定後用縫針與縫線連接起來。

② 完成。

★ 安裝磁扣

① 先確認好磁扣的正反面,用捲邊縫把磁扣跟包包連接起來。

② 完成。

其他裝飾方法

★ 製作流蘇

1

請準備厚紙板以及線球。把厚紙板像照片裡那樣對折之後，剪出「匚」形的一個缺口。

2

把線繞著厚紙板繞 30 圈。

3

把繞好的線圈從中心點牢牢綁緊。

4

用剪刀把上下兩端的線剪斷。

5

用同一種線在從頂端往下算 2cm 的位置繞數圈捆緊。

6

把流蘇末端修整得漂亮一點，這樣就完成了。

★ 製作絨球

1

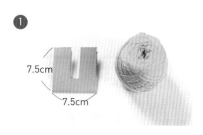

請準備厚紙板以及線球。把厚紙板像照片裡那樣對折之後，剪出「匚」形的一個缺口。

2

把線繞著厚紙板繞 150 圈。

3

用比較堅固的線把繞好的線圈從中心點牢牢綁緊。

4

用剪刀把上下兩端的線剪斷。

5

把絨球修整得圓圓的，弄得漂亮一點就完成了。

POINT

除了把絨球修剪得光滑又圓滾滾，我覺得把絨球修剪得毛毛粗粗的也相當有魅力。請大家按照自己的喜好來製作吧！當然，去買現成的絨球掛在包包上也非常方便。

★ 安裝包邊鉤織繩以及絨球

做好包邊鉤織繩之後，在左右兩端預留足夠的線再剪斷。（一邊的線是用來連接的，另一邊的線則是用來做收尾的。）

把包邊鉤織繩對折，並把其中一邊的線穿入毛線縫針，然後用一個捲邊縫將兩股繩子跟三角形尖角頂端的第二個針目連接。

用同樣的方法再縫一次。

像照片那樣從包邊鉤織繩的中心點把毛線縫針穿出來。

為了跟絨球連接起來，把毛線縫針穿過絨球的中心點。

用同樣的方法再穿過一次來連接。

把剛剛縫過的線跟包邊鉤織繩另一端預留的線交叉綁起來。

把毛線縫針插入絨球裡面，隱藏線頭，再把剩餘的線頭剪斷。

完成。

★ 安裝釦子

① 用縫線把釦子縫在想要的位置。
② 完成。

★ 安裝珠釦

① 把穿好縫線的針穿過珠釦的末端，用捲邊縫跟包包連接。
② 完成。

★ 安裝蝴蝶結

確認好按扣的正反面之後，用捲邊縫把按鈕安裝在蝴蝶結中間織片的兩端上。

②

這是完成之後的樣子。可以把蝴蝶結安裝在自己想要的位置。

製作方法

1 首先鉤出蝴蝶結本體的織片。將線在手指上繞兩圈，用輪狀起針開始編織。再如下方圖示那樣不斷增加針目，然後鉤織出 4 段。

2 第 5 段到第 17 段都不要增加針目。

3 從第 18 段開始減少針目，一直鉤到第 20 段。把線剪斷之後用毛線縫針做收尾。

4 參照下方圖示，鉤出蝴蝶結中間的織片，再把蝴蝶結本體中間抓出皺摺，然後將兩片織片用縫線縫起來。

5 把織片的兩端安裝上按釦之後就完成了。

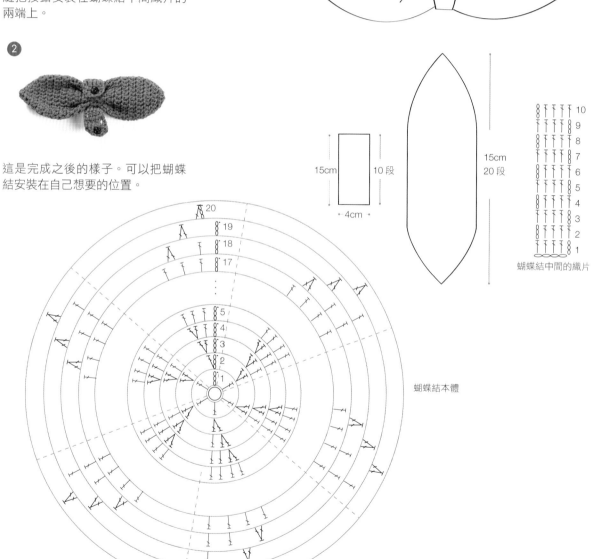

15cm
10 段

4cm

15cm
20 段

蝴蝶結中間的織片

蝴蝶結本體

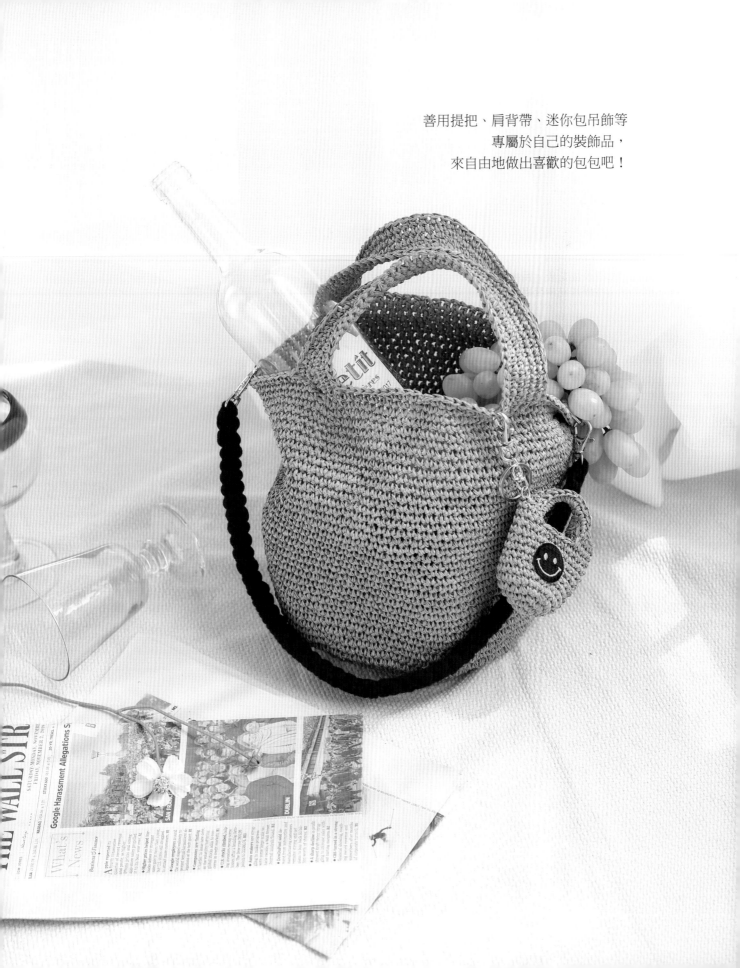

善用提把、肩背帶、迷你包吊飾等
專屬於自己的裝飾品，
來自由地做出喜歡的包包吧！

你所製作的物品就代表著你，
那個獨一無二的自己。

Maker's Letter

在 2019 年下起花雨的四月，我沒日沒夜的，連假日都不放過，拼命畫圖。
書裡的圖示中，每一個針目都乘載著我的靈魂。
我很想跟大家一同分享鉤織帶給我的療癒感。

作者露西已經出版她的第三本書了。
在幫這些包包攝影時，我也下定決心一定要來鉤鉤看我心目中的命定包款。
今年夏天，我一定要提個「夏日風情的打造包」到處走。

製作一本書的過程相當辛苦，而且並非所有過程都令人感到愉快。
今年的生日，就在跟笨拙露西的工作團隊一起徹夜努力之下度過了。
這本書的結局是開放式的，希望能藉由各位的雙手來點綴這個結尾。

台灣廣廈 國際出版集團
Taiwan Mansion International Group

國家圖書館出版品預行編目（CIP）資料

初學者的鉤織包入門BOOK：經典圖樣×素雅簡約×可愛
童趣，用基本針法做出專屬於你的實用百搭包 / 金倫廷著.
-- 初版. -- 新北市：蘋果屋, 2019.12
面；　公分.
ISBN 978-986-98118-2-8（平裝）
1.編織　2.手提袋

426.4　　　　　　　　　　　　　　　　　108016359

初學者的鉤織包入門BOOK
經典圖樣×素雅簡約×可愛童趣，用基本針法做出專屬於你的實用百搭包

作　　　者／金倫廷　　　　　　編輯中心編輯長／張秀環・編輯／許秀妃
譯　　　者／林千惠　　　　　　封面設計／何偉凱・內頁排版／菩薩蠻數位文化有限公司
　　　　　　　　　　　　　　　製版・印刷・裝訂／東豪・弼聖・秉成

行企研發中心總監／陳冠蒨　　　線上學習中心總監／陳冠蒨
媒體公關組／陳柔彣　　　　　　數位營運組／顏佑婷
綜合業務組／何欣穎　　　　　　企製開發組／江季珊、張哲剛

發　行　人／江媛珍
法　律　顧　問／第一國際法律事務所 余淑杏律師・北辰著作權事務所 蕭雄淋律師
出　　　版／蘋果屋
發　　　行／蘋果屋出版社有限公司
　　　　　　地址：新北市235中和區中山路二段359巷7號2樓
　　　　　　電話：（886）2-2225-5777・傳真：（886）2-2225-8052

代理印務・全球總經銷／知遠文化事業有限公司
　　　　　　地址：新北市222深坑區北深路三段155巷25號5樓
　　　　　　電話：（886）2-2664-8800・傳真：（886）2-2664-8801
郵　政　劃　撥／劃撥帳號：18836722
　　　　　　劃撥戶名：知遠文化事業有限公司（※單次購書金額未達1000元，請另付70元郵資。）

■ 出版日期：2019年12月　　　■ 初版5刷：2024年9月
ISBN：978-986-98118-2-8　　　版權所有，未經同意不得重製、轉載、翻印。

Be my bag!